U0398154

PPT设计
从入门到精通

张晓景 —— 编著

MASTERING

PRESENTATION

·

DESIGN

人民邮电出版社
北 京

图书在版编目（CIP）数据

PPT设计从入门到精通 / 张晓景编著. -- 北京：人
民邮电出版社，2019.1（2022.4重印）
ISBN 978-7-115-45461-4

Ⅰ．①P… Ⅱ．①张… Ⅲ．①图形软件 Ⅳ.
①TP391.412

中国版本图书馆CIP数据核字(2018)第264698号

内 容 提 要

本书系统地讲解了色彩、版式、图片、图形、文字和图表等在 PPT 设计中的
应用，是对 PPT 设计的方法、原则、技巧和经验的总结。本书考虑到非设计专业
读者的需求，注重操作，读者可以即学即用，无须具备任何设计基础。

全书共 12 章，第 1～7 章介绍了 PPT 设计相关的内容，包括 PPT 设计的要点，
PPT 色彩搭配，版式的运用，图片的使用，图形和图示，正确的文字表达，以及表
格与图表，等等；第 8 章讲解了 PowerPoint 的使用，让读者掌握 PPT 软件的必备
功能和技巧；第 9～12 章介绍了完整的 4 类模板的设计过程，包括简洁 PPT 模板、
工作汇报 PPT 模板、课件 PPT 模板和节日庆典 PPT 模板，提高读者设计、制作 PPT
的效率和从业素质。

本书结构清晰、由易到难，案例实用，分析详尽，与实践结合紧密，适合非
设计专业的职场从业人员、学生用来自学，也适合相关的培训班作为教材。

◆ 编　　著　张晓景
　　责任编辑　杨　璐
　　责任印制　陈　犇

◆ 人民邮电出版社出版发行　　北京市丰台区成寿寺路 11 号
　　邮编　100164　　电子邮件　315@ptpress.com.cn
　　网址　http://www.ptpress.com.cn
　　固安县铭成印刷有限公司印刷

◆ 开本：700×1000　1/16
　　印张：19.25　　　　　　　　　2019 年 1 月第 1 版
　　字数：476 千字　　　　　　　2022 年 4 月河北第 6 次印刷

定价：79.00 元

读者服务热线：(010)81055410　印装质量热线：(010)81055316
反盗版热线：(010)81055315
广告经营许可证：京东市监广登字20170147号

如今，PPT 已经成为人们生活中必备的工具，无论是培训、开会、产品演示还是销售汇报，都需要使用 PPT 进行演讲。可是，大家设计 PPT 的效果怎样呢？可谓是参差不齐。大部分人认为 PPT 设计只是依靠个人感觉，将图片、文字、图表和图示进行随意编排的过程，但其实真正的 PPT 设计是有章可循的，它是一门融合感性审美和理性分析的综合艺术。如果不遵循 PPT 设计规律，往往很难达到理想的效果。

内容安排

本书以案例分析为主线，注重教学设计与课件制作技术的有机结合，系统讲解了 PPT 各个元素对页面所产生的影响。全书共包括 12 章，各章中所包含的主要内容如下。

第 1 章　PPT 设计的要点。本章主要介绍了如何设计出好的 PPT、影响 PPT 效果的元素、PPT 设计的原则、PPT 设计趋势和 PPT 制作工具等。

第 2 章　PPT 色彩搭配。本章主要向读者讲解 PPT 色彩搭配的基础、如何选择正确的主色调、使用辅色烘托主题、文本颜色同样重要、色彩的对比使用和色彩使用对版式的影响。

第 3 章　版式的运用。本章主要讲解了版式对页面的影响、常见版式类型、PPT 页面中使用"点"、PPT 页面中使用"线"、PPT 页面中使用"面"、版面设计技巧以及点、线、面展示面板。

第 4 章　图片的使用。本章主要介绍了如何选对好图、图片可以出现的位置、图片如何影响页面效果以及图片的优化处理。

第 5 章　图形和图示。本章主要介绍了常用的图形应用、图形应用的秘诀、使用图示、获取图形和图示以及在设计中尽量少用图形和图示。

第 6 章　正确的文字表达。本章主要讲解了文字的关联设计、文字的层次体现、文字内容的多样性和文字的版式。

第 7 章　表格与图表。本章主要介绍了表格的功能、表格的结构、图表的常见类型、图表的作用、如何让图表更加美观以及如何获取图表。

第 8 章　了解 PowerPoin。本章主要介绍了 PowerPoint 的基本操作、PowerPoint 的高级编辑、设置模板、添加动画和转场、让动画炫起来的技巧以及保存和输出。

第 9 章　设计简洁 PPT 模板。本章主要介绍了简洁 PPT 的基础知识、商务总结 PPT 的准备工作和商务总结 PPT 的制作过程。

第 10 章　设计工作汇报 PPT 模板。本章主要介绍了工作汇报型 PPT 的特点、工作汇报

PPT 的准备工作和工作汇报 PPT 的制作过程。

第 11 章 设计课件 PPT 模板。本章主要介绍了课件 PPT 制作的基本原则、课件 PPT 的页面设计、课件 PPT 的准备工作以及课件 PPT 的制作过程。

第 12 章 设计节日庆典 PPT 模板。本章主要介绍了节日庆典 PPT 的基本分类、节日庆典 PPT 的设计要点、节日庆典 PPT 的准备工作以及节日庆典 PPT 的制作过程。

本书特点

本书内容全面、结构清晰、案例新颖。本书采用理论知识与案例分析相结合的教学方式，全面向读者介绍了不同类型元素的处理和表现的相关知识以及所需的操作技巧。

● 操作性较强。读者可以容易地将本书传授的技巧运用到自己的 PPT 中。这是本书最大的价值之所在。

● 内容全面，讲解清晰。本书在内容选择上从读者在工作和生活中的实际需求出发，从文字的美化、图片的修饰、图表的设计，到页面的排版、动画的设置等内容，都进行了全面的讲解，遵循"实用、全面"的原则，保证学以致用。

● 技巧和知识点的归纳总结。本书在介绍基础知识的过程中列出了大量的提示，这些信息都是作者结合长期的 PPT 设计经验与教学经验写给读者的，可以帮助读者更准确地理解和掌握相关的知识点和操作技巧。

用户对象

本书适合 PPT 设计爱好者、想进入 PPT 设计领域的朋友，以及设计专业的大、中专学生阅读，同时也对专业设计人士有很高的参考价值。希望读者通过对本书的学习，能够早日成为优秀的 PPT 设计师。

本书在写作过程中力求严谨，但由于时间有限，疏漏之处在所难免，望广大读者批评指正。

编者

Contents 目 录

第 1 章
PPT设计的要点

PPT通常指的是微软公司Office PowerPoint软件设计制作出的
演示文稿。用户可以在投影仪或计算机上演示PPT文件，也可以将
PPT文件打印出来，制作成胶片，应用到更广泛的领域中。

1.1 设计出好的 PPT

一直以来，PPT 在很多人眼里是非常简单的软件，操作起来基本不存在什么技术含量。软件的使用固然简单，但要使用软件操作并结合设计理念完成具有设计感的 PPT 作品，就不那么简单了。图 1-1 所示为经过设计的 PPT 效果。

图1-1

1.1.1 封面很重要

对于 PPT 来说，封面有多重要呢？它在一个 PPT 的制作过程中占据着举足轻重的地位。一个好的 PPT 封面会让观看者耳目一新，从而有继续观看 PPT 的兴趣。所以一个成功的 PPT 一定会有一个好的封面来吸引观看者的注意。

图1-2

图 1-2 所示为两款封面设计得不错的 PPT。

总体来说，PPT 封面设计应把握一个设计原则，即遵循形式美，充分体现 PPT 的内涵，其设计应具备与观看者互动、交融的属性。

好的 PPT 封面，可以第一时间吸引观看者的注意力，让演讲者演讲的内容在众多同类演讲中脱颖而出，获得观众认可的概率大大增加。

1.1.2 尽量少使用软件自带的样式

PowerPoint 软件为了方便用户快速制作出精美的演示文档，默认提供了很多样式效果，包括形状样式、艺术字样式和背景样式，如图 1-3 所示。

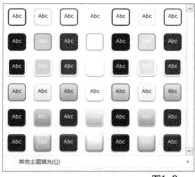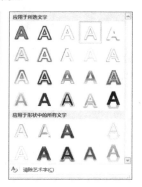

图1-3

样式为用户带来方便的同时也带来了效果雷同的问题，造成大家制作的演示文稿页面效果类似。所以，要设计出与众不同的演示文稿，首先就要较少地使用软件自带的样式。

> **提示**
>
> 设计师可以根据 PPT 的内容定义独有的样式文件，这是使自己的 PPT 演讲稿区别于其他演讲稿的第一步。

1.1.3 颜色不是越多越好

通常没有设计基础的用户在制作 PPT 时，为了突显某一部分，会选择一种甚至多种明亮的颜色。殊不知，在不遵守颜色搭配原则的前提下大量使用明亮颜色，这样的作品注定是失败的。

从设计的角度来说，一个作品通常不要使用超过 3 种颜色，确定一种颜色作为主色，一种颜色作为辅助色，一种颜色为文本颜色。这样既可以保留页面的一致性，又能够得到丰富的设计效果。图 1-4 所示为合理的色彩搭配效果。

该 PPT 以蓝色为主色，以白色的文本为辅色，合理的色彩搭配能够使页面呈现干净整洁的效果

图1-4

（辅色）

RGB(18 64 149)　　　　**RGB(255 255 255)**

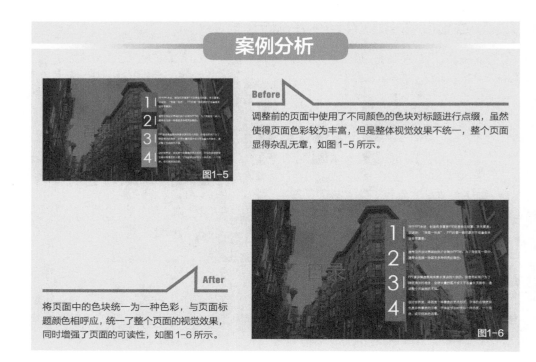

案例分析

Before

调整前的页面中使用了不同颜色的色块对标题进行点缀，虽然使得页面色彩较为丰富，但是整体视觉效果不统一，整个页面显得杂乱无章，如图1-5所示。

图1-5

After

将页面中的色块统一为一种色彩，与页面标题颜色相呼应，统一了整个页面的视觉效果，同时增强了页面的可读性，如图1-6所示。

图1-6

1.1.4 排版要清晰明了

PPT 演讲稿通常用来展示演讲的大纲。但是有些用户为了降低演讲的难度，会将大量的图片或文字放置在页面中，造成整个页面拥挤不堪，这完全破坏了 PPT 演讲稿的初衷。

一个优秀的演讲稿，要做到页面整洁，主题明确，所以演讲稿的每一个页面不宜有太多的内容。在排版上也要主次明确，将要表达的内容按照重要程度逐级摆放。图 1-7 所示就是不错的排版效果。

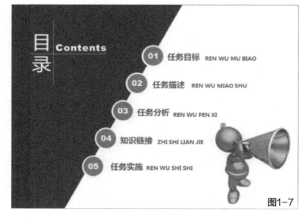

图1-7

该 PPT 中以阶梯的方式进行排版，其内容清晰，主次分明，并通过添加适当的图片使页面生动活泼，引人注目。

调整前的页面元素按照一字排开的形式进行排列，虽然页面整体效果较为统一，但无法突出页面重点，如图1-8所示

图1-8

After

调整后的页面元素大小不一，通过层级的方式进行排列，使得页面内容重点突出，加强了层次感和视觉冲击感，如图1-9所示

图1-9

1.1.5 使用合适的字体

在设计世界里，排版是一种重要的艺术形式。文字是排版时的重要设计元素之一，字体能够及时传达一种态度、一个观点或任何其他信息，所以字体的合理使用是非常重要的。

● 使用标准的字体能够确保设计专业、整齐，远离丑陋和杂乱。通过对不同大小和粗细的标准字体的灵活运用，并添加一些趣味设计，可使标准的字体呈现出别具一格的效果，如图 1-10 所示。

在 PPT 的首页中，其标题文字采用了宋体，通过对文字的放大与旋转，增强了文字的趣味性，使得页面版式更加丰富多彩

图1-10

● 除了可以使用标准的字体外，还能够使用有趣的字体来使自己的设计更加活泼。在使用时一定要注意合理性，避免过度杂乱。运用有趣字体的一个很棒的技巧就是只用它们做标题，而让剩下的文字保持朴实的风格，如图 1-11 所示。

在该页面中，通过使用不同的颜色使标题更加绚丽，同时采用蜡笔画的方式，使得标题充满童真

图1-11

提示

在使用复杂字体时，需要注意的是不要使用过多，或是为其添加各种复杂的样式，否则最后的结果只能是无法进行阅读。

1.1.6 使用高质量的照片

照片是能令 PPT 出彩的最佳手段之一，但不合理的照片也能将 PPT 的演示搞砸。在白色背景下单纯地放一张照片并不意味着它就是好照片，不要为了充实版面而把难看和不合适的照片放上去。记住，"没有照片"好过"糟糕的照片"，使用高质量的照片能够使你的 PPT 设计更加美观与大方，如图 1-12 所示。

在该页面中，主要对人物进行介绍，通过使用主人公的照片作为背景，直截了当地向观看者进行介绍

图1-12

案例分析

订餐方式

订餐方式

图1-13

Before

在餐厅宣传订餐方式的页面中，使用餐厅的内部布局照片为展示图片，不能够直接引起观看者想要订餐的欲望，如图1-13所示

订餐方式

订餐方式

After

将页面中的照片换为可口的饭菜，直截了当地展示该餐厅的特色，与主题内容相呼应，食物的照片也能够引起人们的订餐欲望，如图1-14所示

图1-14

1.1.7　注意 PPT 的可读性

在设计 PPT 时，运用一张很吸引人的图像作为背景时，就大大降低了文本的可读性，这时设计者就可通过为文字创建一个简单的彩色条块背景来增强文字的可读性，如窄条、宽条和碎纸片等，同时还能保持幻灯片的时尚感，如图 1-15 所示。

在该页面中，通过彩色条块的使用，增强了文字的可读性，使得页面不仅背景美观，而且突出了内容重点

图1-15

1.1.8 项目符号的使用

要想将 PPT 中最重要的部分清晰地传达出来，项目符号是非常重要的工具。它可以很清楚地将思路分开，将一切该表达的内容通过便利的列表形式表达出来。但在一张幻灯片上放 42 个项目符号与放几段文字的效果基本没有区别，这么做会毁了幻灯片的可读性。所以，合理地使用项目符号是非常重要的，如图 1-16 所示。

在该页面中，通过使用简单的项目符号，重点罗列了目录中所包含的内容，明确其 PPT 的讲解内容

图1-16

提示

在 PPT 的制作过程中，要特别注意的是项目符号是用来传达重要信息的，为了做到这一点，要懂得切实地做出取舍，将重点留在 PPT 中。

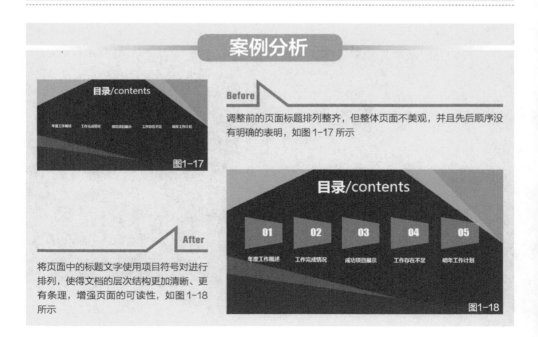

案例分析

图1-17

Before

调整前的页面标题排列整齐，但整体页面不美观，并且先后顺序没有明确的表明，如图 1-17 所示

After

将页面中的标题文字使用项目符号对进行排列，使得文档的层次结构更加清晰、更有条理，增强页面的可读性，如图 1-18 所示

图1-18

1.2 影响 PPT 效果的元素

对于一个 PPT 文稿的设计者，什么样的作品才是优秀的呢？是色彩搭配合理的作品，还是结构层次分明的作品？下面来了解一下影响 PPT 效果的元素。

1.2.1 内容为王

再漂亮的版式设计，也无法弥补 PPT 文稿空洞无物的内容。一个优秀的 PPT 文稿应当包括丰富多彩的内容，充分吸引观看者的注意。如果言之无物，再花哨的形式也都将没有意义。图 1-19 所示为一个以内容为主的 PPT 文稿效果。

该页面中，主要以文字为主，搭配蓝色的标题，使得界面内容更加清晰明了，使得人们对该页面中所表达的重点一目了然

提示

在制作 PPT 时，最重要的是有核心内容，要本着形式为内容服务的原则，在内容丰富的基础上提高 PPT 的美观度。

1.2.2 合理的色彩使用

想完成一个让人眼前一亮的 PPT，合理的色彩使用是少不了的，好的配色不仅能够给人们一种愉快的感受，还能够提起观看者的兴趣，并帮他们区分重点。Adobe color 和 Piknik 色彩工具可帮助用户在页面中合理地使用色彩，图 1-20 所示为图片合理使用色彩后的效果。

该界面中，通过不同颜色的底色使得页面内容更加突出，增强观看者的兴趣

RGB(204 0 102)　　　　RGB(0 153 204)

RGB(255 102 0)　　　　RGB(104 182 56)

提示

Adobe color 是在线色彩工具的典范，它拥有数千个出色的预置色彩模板可供选择，用户也可以利用这款既先进又好用的工具来生成自己的模板。Piknik 是设计中最基本的色彩工具之一，其使用方法非常简单，只需轻轻移动鼠标去改变颜色，然后通过滚动鼠标改变亮度，最后复制数值到粘贴板上，即可大功告成。

1.2.3 新颖的构图，合理的摆放

即使是相同的内容和元素组合在一起，运用不同的构图方式也会呈现出截然不同的视觉效果。因此，在设计 PPT 时，应该根据所要表现的主题来选择合适的构图。图 1-21 所示为合理地使用构图的效果。

图1-21

该页面在构图设计中，所有的图片和文本都采用同样的尺寸，左右对称，上下均衡，突出内容

1.2.4 精美的图片

在 PPT 页面中插入图片可以有效地提高设计的丰富性，图片和文字的面积比称为图版率。一般来说，图版率越大，版面越有生气，越讨人喜欢。图片的应用与照片的应用不同，照片通常尺寸比较大，排列方式比较单一。而图片则尺寸各异，排列方式也丰富，如图 1-22 所示为使用多张图片排列的页面效果。

图1-22

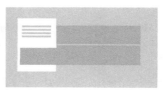

该页面中通过对精美图片的摆放，使得页面元素更加丰富，吸引眼球，使人印象深刻

1.2.5 精致的图标和图形

除了可以在页面中添加图片外，PNG 图标也是常用的装饰图片。在版面灵活的 PPT 中，PNG 图标比任何图片使用起来都得心应手。图 1-23 所示是使用图标后的效果。

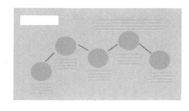

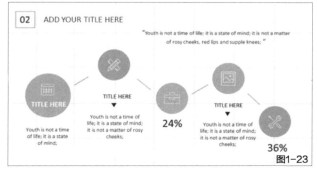

图1-23

该页面中使用图标将页面中的元素合理地串联起来，使得页面显得更有顺序感

> **提示**
>
> PNG 格式除了具有和 JPG 格式相同的显示效果外，还可以很好地支持透底效果，用户可以将各种形状的图片应用到 PPT 文稿设计中。

1.2.6 准确的表格和图表

表格与图表是 PPT 中展示数据的一种工具。准确的表格与图表能够使数据展示一目了然，还能直截了当地展示出这些数据背后的信息，图 1-24 所示是使用图表后的效果。

图1-24

该页面中使用饼状的图表充分展示了各个产品所占总数的百分比，直观地显示数据

1.2.7 适当的动画和过场

人们对运动和变化具有天生的敏感，无论这个运动有多细微，都会强烈地抓住观看者的视线。适当的动画和过场能够起到以下作用。

● 抓住观众的视觉焦点，如逐条显示，通过放大、变色和闪烁等方法突出关键词。

● 显示各个页面的层次关系，例如通过页面之间的过渡区分页面的层次。

● 帮助内容视觉化。动画本身也是有含义的，它在含义上与图片刚好形成互补关系。与图片类似，动画可以表示动作、关系、方向、进程与变化、序列以及强调等含义。

> **提示**
>
> 在使用动画时，应当注意重点在传达信息，不在天花乱坠，因此不要滥用夸张的动画效果，尽量保持样式统一要把握时间，不快也不要太慢。

1.3 PPT 设计的原则

与 PowerPoint 这个软件的使用一样，PPT 的设计也不是一件容易的事情。尤其是对于没有学习过设计理论的朋友而言，PPT 的设计一般完全出于直觉，对于具体的原则、色彩的选择和字体的使用往往并不清楚。下面为读者简单介绍 PPT 设计的原则。

1.3.1 亲密性原则

把所有相关项目整合在一起，物理距离的接近意味着一种关系。内容的一体化会使页面内容更加清晰。在设计 PPT 时要谨记设计 PPT 的目的并不仅仅是让它看起来更漂亮，而是要实现更清晰表达的目的，如图 1-25 所示。

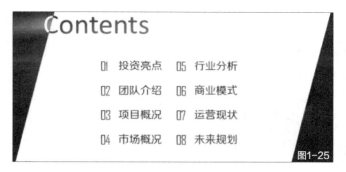

图1-25

该页面中通过将各个分散的目录进行排列，使其表现得更加整齐与明确

> **提示**
>
> 亲密性原则有两个作用，一是将杂乱无章的元素进行分组。在同一页面上物理位置接近的元素，观众常常会认为其存在意义上的关联，因此将相关的项目放在一起帮助观众完成前期的信息组织，以减小阅读压力。二是通过相近元素的聚拢为页面留出更多空白，避免页面的拥挤。

1.3.2 对齐原则

对齐原则是指任何元素都不能在页面上随意安放，每一项都应该与页面上某个内容存在某种视觉联系。下面将为读者介绍各个对象应该如何对齐。

与版心线对齐

版心线用来规定页面的主要内容范围。使用版心线可以保证所有幻灯片页都有比较统一的视觉效果，又为页面边缘留白，防止页面看起来太过拥挤，如图1-26所示。

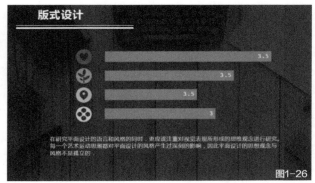

图1-26

该页面中通过将各元素与版心线对齐的方式，使得页面更加整齐划一，内容清晰明了

提示

在PPT设计中，留白区域不局限于白色，留白的"白"指的不是颜色的"白"，而是空白的"白"，留白区域指的是某一区域无额外元素，无装饰，处于空白的状态。

元素之间的对齐

元素之间是通过"看不见的线"实现对齐的，可以是直线，也可以是规则的曲线，关键是让元素排列得更加整齐。其中使文字与图片的边缘对齐也是常见的手段，如图1-27所示。

总结报告
2016年度工作总结商务报告

工作总结　　工作心得　　工作计划　　工作目标

我们商务部在公司的正确领导下，在兄弟单位的紧密配合下，认真贯彻"为客户创造价值"的服务理念。

这一年的工作中，经过实际的教训，深刻理解到工程上每次变更、每次时间的滞延都是对公司利益的最大伤害。

提高工作的主动性，做事干脆果断，不拖泥带水，负责主持商务部的全面工作，组织、团结并督促部门人员。

在这一年的工作中，我们学习到了一些技术上和很多业务上的知识，也强化了工程的质量、成本、进度意识。

图1-27

该页面中通过图片与文字对齐的方式，使得页面元素排列得更加整齐，内容清晰明了

提示

在页面中使用多张小图片时，需要注意在使用之前，要将每张图片进行统一处理，例如尺寸、明暗分布等，在使用时可根据自己的需要对其中的一两张图片进行放大，增加视觉冲击力。

对齐到网格 ....●

通过网格划分页面，然后将内容填入网格中是避免页面混乱的有效方法，并且内容越多，网格越有效，但如果对象能够纳入更明显的表格中，对齐效果会更突出，页面效果如图 1-28 所示。

图1-28

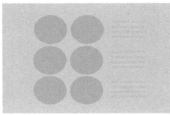

该页面中通过对各个元素网格排列，使得页面元素丰富而不失规范

三分法 ....●

三分法，又称九宫格法。三分法是指将主要元素放置到页面的三等分线以及页面 4 条三等分线的交叉点附近，而不是在页面正中间，如图 1-29 所示。这里将之勉强归为对齐，是因为它和对齐一样，都可以解决页面元素何处安置的问题。

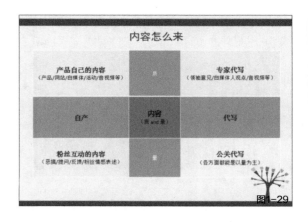

图1-29

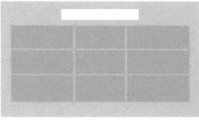

该页面中通过三分法整齐地对页面进行划分，并使用不同的色块突出内容，使得页面各元素呈现更加整齐的效果

1.3.3 重复原则

重复原则是指在整个演示中重复一些设计方面的要素。重复使用一些元素会使你的幻灯片文档具有整体性。这不是说所有的内容都要看起来一模一样，只是使用的图形要素要贯穿始终，把所有内容维系在一起。

最简单的重复形式是一贯性，你应该设计一个页面风格一致的 PPT。你可以重复使用相同的字体、字号、特定的颜色、图形的样式，也可以在项目的设置、文本和图形的布局上重复。任何多次出现在幻灯片上的内容都可称之为重复元素。重复效果如图 1-30 所示。

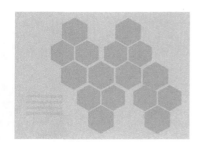

图1-30

该页面中通过对六边形的重复使用和合理排列，使页面更加具有整体性

> **提示**
>
> 在 PPT 设计中，重复原则有两种应用。第一种就是大家熟知的模板，在公司的 PPT 中使用模板可以给人一种专业的印象，但使用模板之前你必须清楚，模板的使用会减少 PPT 的表达面积，降低 PPT 的表现力。第二种重复是在某一页或某个 PPT 中，相同层次的内容使用相同的格式，这会让观众很清楚地明白各内容间的层次关系。

1.3.4　对比原则

对比原则是指在同一个页面中如果两项不是一模一样的，那就让它们截然不同，换句话说就是，对比一定要强烈。对比在设计中是最容易抓住观看者眼球的一种方法。

> **提示**
>
> 对比可以更好地突出页面的主题，增加页面的层次。但并不是越强的对比效果就越好。在实际的设计工作中，要在对比的同时，保持风格的统一，颜色和字体不要超过 3 种，避免过多的对比造成页面的杂乱感。

接近和对齐重在体现元素的关联，而对比的作用是区分元素之间的不同，让元素之间的层次关系一目了然。下面通过几个方面的对比来向读者讲解使用对比的效果。

文字的对比

文字可以通过字体、字号、颜色以及特效的不同来实现对比，在字号的对比上不必保守，大胆使用强烈的字号变化效果往往更好，如图 1-31 所示。

图1-31

图片的对比 ●

在制作 PPT 时会经常在图片上使用箭头、线圈等进行标注以突出重点，但要获得更强烈的对比，需要在图片的运用上下功夫，比如局部放大，背景黑白或者虚化等，图 1-32 所示就是一个应用图片对比效果不错的 PPT 文稿。

图1-32

该页面中通过将背景模糊的方式，突出页面文字的可读性，显得页面神秘而不失规范

1.4 PPT 设计趋势

现如今，PPT 设计在日常生活和工作中的地位越来越重要，那么未来 PPT 的设计趋势将会如何发展？一个好的设计应当将这些趋势运用到实践中，通过研究流行趋势，更好地满足客户和行业设计的需要。下面从几个不同的方面对 PPT 设计趋势进行分析。

提示

在本节中主要从不同的方面对 PPT 的设计趋势进行简单的讲解，以后的章节中会详细地对各部分的设计进行讲解。

1.4.1 色彩

色彩是影响 PPT 设计的重要因素之一，那么在 PPT 的设计中，怎样的色彩风格才能受到观看者的青睐呢？下面简单介绍几种较为流行的色彩设计。

单色设计占据主流 ●

在 PPT 设计中，单一的彩色加白色或黑色的设计，能够让画面更加干净、商务并且富有视觉冲击力，这种颜色设计手法在未来会应用在大多数的演示文稿，引领设计的潮流，页面效果如图 1-33 所示。

该页面中用图片作为背景，用单一的红色加白色的文本，使整个页面呈现出高端、大气的效果，与主题内容相呼应

图1-33

炫彩风逐步流行

炫彩风是指多种高饱和度色彩呈现在页面中，在以往的 PPT 设计中非常流行，由于其极强的视觉冲击力能够让演讲者脱颖而出，预计在以后的 PPT 设计中会逐步引入炫彩风的设计方式，页面效果如图 1-34 所示。

该页面中使用多种非常鲜艳的色彩点缀页面，突出主题，使之具有强烈的视觉冲击力，更能吸引观看者的注意力

图1-34

更柔和、自然的配色

设计来源于生活，自然是配色中永恒的追求，只有更为融合的色彩搭配，更清晰的表达，才能让观看者享受其中，演示也将更加成功，其页面效果如图 1-35 所示。

该页面中通过绿色和灰色搭配，使得页面呈现低调以及较为自然的感觉，主要以体现文本内容为主，增强文字的可读性

图1-35

1.4.2 版式

版式设计的目的在于更好地传递信息，只有做到主题鲜明、内容一目了然和重点突出，并且具有独特的个性，才能够达到版式设计的最终目标。下面简单介绍几种流行的版式设计。

无界面版式 ·······································

无界面版式设计源于网页设计中无限滚动的动作，在 PPT 设计中依靠版式布局和切换动画就可以很容易地实现。

无界面版式设计的特点是能够延续画面的节奏，使得整体更具有统一性，它通常利用色块和图片来实现版式的设计，一般使用在封面、过渡页和内页的设计中，页面效果如图 1-36 所示。

图1-36

该页面中通过无界面版式对页面内容进行排列，使得该页与下页切换动画时能够很容易地将视线无缝连接，增强 PPT 页面切换的连贯性

卡片版式 ·······································

卡片版式设计方法来源于很多网页设计，设计页面时要求做到文字精简，提取关键信息，因此该类版式非常实用且时尚。

在 PPT 设计中，卡片版式具有图文信息传达明确的优点，它通常由图、主题和短文详情等元素构成，该类版式一般应用在内页的设计中，页面效果如图 1-37 所示。

图1-37

该页面中通过卡片式的排列方法对页面内容进行展示，在段落文字较多的情况下，也可以使页面整体呈现布局分明的效果

不规则构图

　　不规则构图是指使用点、线以及不规则的几何图形等更具有设计感的元素对页面进行排列，使得页面更具有美感和个性。

　　不规则构图的版式设计能够使页面丰富且具有美感，通过点、线相结合的方式，达到最终的页面效果。该类设计较为考验设计水平，入门级的设计者要慎用，否则会适得其反。不规则构图页面效果如图 1-38 所示。

该页面用不规则的图片对页面元素进行构图，在制作时需要注意整体点线的延续性，使整个页面具有个性及趣味性

图1-38

1.4.3 风格

　　页面风格是指在 PPT 设计中，页面设计上的视觉元素组合在一起的整体形象，展现给人的直观感受。现如今较为流行的 PPT 页面设计风格包括 iOS、微立体、大气星空和低多边形。

iOS 风格

　　随着 iPhone 在全球的风靡，其独特的 iOS 设计风格也渗透到生活的各个方面，模糊化背景、图表化引导和图形化设计等，这些风格特性能够让人眼前一亮，如今 iOS 风格也将直接影响着 PPT 的设计潮流。iOS 风格页面效果如图 1-39 所示。

该页面以模糊的图片为背景，通过大块色块衬托页面标题，在丰富页面色彩的同时增强了页面的可读性及增加了视觉效果的神秘性

图1-39

微立体

微立体 PPT，从它出现的那一刻，就深受党政机关、国家企业用户的青睐，它不仅有着扁平化的简约时尚，还没有丢掉立体风的精致，在 PPT 设计中合理地采用微立体的风格进行设计，能够使页面呈现更加简洁的立体效果，如图 1-40 所示。

该页面中设计者调低了背景图的不透明度，并且采用大块色块对主题内容进行了衬托，在丰富了页面色彩的同时，增强了页面的可读性

图1-40

大气星空

在 PPT 设计领域中，星空风格的 PPT 具有大气、简约、现代和通用的特点，在以后的设计领域中注定引领时尚的潮流，其页面效果如图 1-41 所示。

该页面用星空图片为页面背景，使整个页面呈现神秘且绚丽的效果

图1-41

低多边形

低多边形能够通过线条和色块的连接组成画面，在 PPT 设计中，越来越多的页面采用线条组合来衬托画面，营造具有景深的空间效果。低多边形让画面更加抽象、通用，富有空间感和科技感，在机关、科技类和国际化演示场景中很受欢迎，如图 1-42 所示。

该页面中的多边形为 PPT 的页面背景，增强了整个场景的质感，让画面更加具有空间感，有效地增强了视觉效果

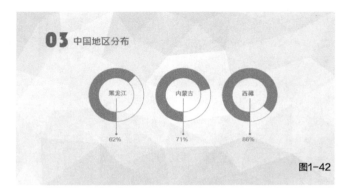

图1-42

1.5 了解 PPT 制作工具

在平常的工作与学习中都会接触到幻灯片，一个精彩的 PPT 幻灯片能够使别人对你的印象更加深刻，快速地了解你的能力。而且幻灯片支持多媒体，具有生动以及图文并茂的特点，可以使我们想表达的内容更加形象与具体。下面就简单介绍制作 PPT 的几种制作工具。

> **提示**
>
> Microsoft Office PowerPoint 做出来的东西叫演示文稿，其格式后缀名为 ppt、pptx，也可以保存为 PDF 和图片格式等，2010 及以上版本中可保存为视频格式。演示文稿中的每一页就叫幻灯片，每张幻灯片都是演示文稿中既相互独立又相互联系的内容。

1.5.1 PowerPoint 软件简介

PowerPoint 是微软公司推出的一个演示文稿制作和展示软件，它是当今世界上最优秀、最流行，也是最简便直接的幻灯片制作和演示软件之一。PowerPoint 的图标如图 1-43 所示，页面窗口如图 1-44 所示。

图1-43

图1-44

PowerPoint 的作用

众所周知，PowerPoint 是用来制作演示文稿的，那么它能够实现怎样的效果及作用呢？下面详细讲解 PowerPoint 的作用。

- 通过它能够制作出图文并茂、色彩丰富、生动形象且具有极强的表现力和感染力的宣传文稿、演讲文稿、幻灯片和投影胶片等。
- 制作出动画影片并通过投影机直接投影到银幕上以产生卡通影片的效果。
- 制作出图形圆滑流畅、文字优美的流程图或规划图。
- 可以在互联网上召开面对面会议、远程会议，或在网上给观众展示演示文稿。

PowerPoint 的主要特点

PowerPoint 是一种面向广大非计算机专业人员的电子演示软件，其主要特点包括以下几点。

- 强大的制作功能。文字编辑功能强、段落格式丰富、文件格式多样、绘图手段齐全和色彩表现力强等。
- 通用性强，易学易用。PowerPoint 是在 Windows 操作系统下运行的专门用于制作演示文稿的软件，其界面与 Windows 界面相似，与 Word 和 Excel 的使用方法大部分相同，提供有多种幻灯片版面布局，多种模板及详细的帮助系统。
- 强大的多媒体展示功能。PowerPoint 演示的内容可以是文本、图形、图表、图片或有声图像，并具有较好的交互功能和演示效果。
- 方便灵活的对象处理方式。在幻灯片中输入的一段文字、加入的一张图片或者绘制的一个几何图形等都被认为是一个 PowerPoint 的对象。对象之间相互独立，用户编辑其中一个对象时，不影响其他对象，使得调整幻灯片布局以及移动、放大和缩小对象变得非常容易。
- 较好的 Web 支持功能。利用工具的超级链接功能，可指向任何一个新对象，也可发送到互联网上。

1.5.2 Keynote 软件介绍

Keynote 诞生于 2003 年，是由苹果公司推出的运行于 OS X 操作系统下的演示幻灯片应用软件。Keynote 不仅能够支持几乎所有的图片、字体，还能够使界面和设计更图形化，借助 OS X 内置的 Quartz 等图形技术，制作的幻灯片也更容易夺人眼球，如图 1-45 所示。

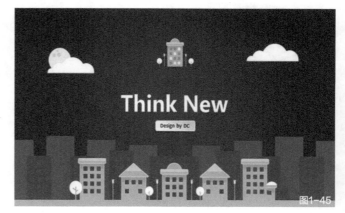

图1-45

图1-45（续）

Keynote 的功能

Keynote 具有强大的图形工具，它能够使每张幻灯片都呈现出最佳面貌。它不仅能够快速有效地处理图片的背景，而且能够使用预先画好的形状（例如圆形或星型）对图片进行遮罩，使用对齐或是间距参考线来确认对象是否对齐，从而快速地找到幻灯片的中心。除此之外，Keynote 还具有以下功能。

- 主题。提供统一风格的配色格式，包括文字、图和表格等。
- 支持显示器。使用者可以在大屏幕上进行演示，同时在自己的笔记本电脑上看提示等。
- 导出文件格式有 PDF、 QuickTime、Flash、 JPEG、TIFF、 PNG、 HTMl 以及微软 PowerPoint。
- 幻灯片支持所有 QuickTime 视频格式。

提示

当用户需要添加流程图或关系图时，可以通过新增的连接线功能将对象始终锁定。当对象移动时，其连接线也会随对象一起移动。

Keynote 的动画效果

Keynote 除了拥有以上强大的功能外，还具有丰富的动画效果，Keynote 内置超过 25 种过渡效果，甚至包括部分 3D 效果，它能够使对象在连续的几张幻灯片中自动地变换位置、大小、旋转角度以及透明度等，足以将观众的目光锁定在屏幕上。

提示

为了能够使所表达的观点更加鲜明有力,可通过Keynote对幻灯片的文本域对象添加动画效果。例如，对文字进行渐变、融合并转化到下一张幻灯片的文字，让其内容分文本，表格行或者图表的区域逐一显示或者一次性从左边进入观众视线或旋转舞入等。

1.5.3 如何选择 PPT 制作软件

选择一款优秀的 PPT 制作软件是一件非常重要的事情，这样不仅能够在制作的过程中事半功倍，而且能够使制作出的作品达到最佳效果。除了以上介绍的两种软件外，还有许多软件也能够制作 PPT，例如 Flash、Director 和 WPS Office 等。

> 随着软件技术的发展，各类媒体创作工具在功能上相互融合，各有所长。在选择 PPT 的制作软件时，用户除了要考虑便利性之外，更需要关注兼容性。兼容性主要指的是用户之间的兼容和平台之间的兼容。用户需要根据自己的需要选择合适的 PPT 制作软件。

1.6 专家支招

一个优秀地 PPT 一般具有创意新颖、构图美观、色调和谐及节奏流畅等优点，要达到这些要求，就必须掌握设计、排版、配色和动画等各个方面的知识与技巧。下面向读者解答制作 PPT 时的两个常见问题。

1.6.1 如何适当地使用对齐

合理地使用对齐能够使页面显得更加整齐划一，但当出现以下两种情况时不建议使用对齐方式。

● 居中对齐是一种很严肃的对齐方式，常见于封面页标题的对齐。居中对齐时，元素的两边可能对不齐，看起来没有那么规整，因此正文段落使用居中对齐时，阅读起来是非常吃力的。建议不要将居中作为默认选择，一定要试试其他对齐方式。

● 首行缩进的作用是在段落密集时帮助读者快速区分段落。在 PPT 中，段落之间通常添加空当甚至虚线，这时再使用首行缩进则对区分段落没有帮助，反而会让页面变得很不美观。

1.6.2 如何处理 PPT 中的图片元素

当制作 PPT 缺少图片时，要重新整理思路，尽量精简文字并为其添加背景。当图片很多不知该如何排列时，要先分清图片的主次关系，使用不同的动画来显示图片。

1.7 本章小结

本章主要介绍了 PPT 设计的要点、影响 PPT 效果的元素、PPT 的设计原则以及 PPT 的制作工具等内容。通过本章的学习，使读者对 PPT 设计有一个简单的认识与了解。后文中将会从各个方面进行详细讲解，使读者了解如何制作出别具一格的 PPT。

第2章
PPT色彩搭配

一个成功的PPT作品，色彩搭配是否合理，将直接影响演讲是否成功。正确的色彩搭配除了可以使浏览者获得美的享受外，还可以让浏览者第一时间感受到演讲者要传递的行业内容。本章将讲解PPT中色彩搭配的方法和技巧。

2.1 PPT 色彩搭配的基础

在 PPT 页面设计中，色彩的搭配与设计的主题息息相关，良好的色彩搭配可以使观看者在第一时间就能大致感受到 PPT 主题所要表现的氛围，因此通过对色彩的各种心理分析，找出它们的各种特性，可以做到合理而有效地使用色彩。

2.1.1 不同行业选择不同的颜色

众所周知，色彩是具有吸引力的。在制作 PPT 的过程中，不同行业对 PPT 的颜色选择也不尽相同。下面向读者讲解不同行业中应该如何对色彩进行选择。

表 2-1 所示为依照行业的特点所归纳出来的行业形象色彩表。在多数情况下，关于颜色的选择都可以遵循该表格。

表 2-1

色 系	符合的行业形象
红色系	政府、宗教、软件业、工人、公共管理、社会组织
橙色系	服务业、餐饮业、娱乐业、医药、批发和零售业、交通运输业、邮政业
黄色系	建筑系、农业、设计、买卖中介、房地产业
咖啡色系	制造业、机械生产、纸业、采矿业、牧业
绿色系	食品、教育业、文化、体育业、金融业、林业
蓝色系	水利、观光业、航空航天、运输业、海产、渔业
紫色系	手工业、企业、珠宝业、纺织业、服装制造
黑色系	丧葬业
白色系	医疗、科研、公益事业、商务服务业、电力

科技行业 ···•

科技行业中的色彩具有一定的温度感，红色和黄色易产生暖感，给人们心理上有扩大、上升和舒服的感觉；而蓝色和紫色易产生冷感，心理上有收缩、宁静和安定的感觉。图 2-1 所示为以蓝色为主色调的 PPT 页面效果。

图2-1

该页面中以蓝色为主色调，以白色为辅色，使整体 PPT 页面呈现高端、大气的感觉

（主色）	（辅色）
RGB(16 90 161)	RGB(255 255 255)

蓝色是海洋和天空的颜色，其本身会显得深远纯净，它令人感到神秘莫测，同时又给人以沉思、智慧和征服自然的力量，是现代科技的象征色。

饮食行业

在饮食行业中，使用合适的色彩能够起到宣传企业文化和吸引消费者注意力的作用，因此在选择色彩时一般采用暖色调，如红色、黄色和粉色等，页面效果如图 2-2 所示。

该页面运用了红色，红色是中国的传统颜色，洋溢着喜庆的气氛，它代表着生活的丰衣足食，寓意着人们的生活美满

图2-2

（主色）	（辅色）
RGB(255 0 0)	RGB(249 237 101)

旅游行业

旅游行业一般都代表着休闲与轻松，因此在制作旅游行业的 PPT 时，会以清新的风格来进行制作，一般采用绿色为主色，页面效果如图 2-3 所示。

该页面中主要采用绿色为主色调，有种春天的气息，激发人们想外出的心理

图2-3

（主色）	（辅色）
RGB(106 176 39)	RGB(42 87 141)

医疗行业

医疗行业一般象征着干净和健康，因此在制作医疗行业的 PPT 时一般采用白色等明度较高的颜色为主色，从而使得整个页面干净、整洁且具有权威性，页面效果如图 2-4 所示。

图2-4

该页面中主要以白色为主色调，以浅蓝色为辅色，搭配黑色的文本，体现了干净、健康的特质

（主色）	（辅色）
RGB(255 255 255)	RGB(214 227 225)

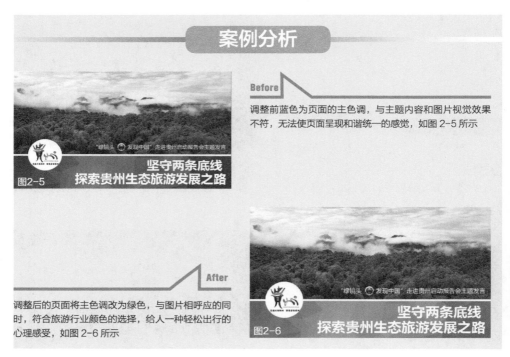

案例分析

图2-5

Before

调整前蓝色为页面的主色调，与主题内容和图片视觉效果不符，无法使页面呈现和谐统一的感觉，如图 2-5 所示

After

调整后的页面将主色调改为绿色，与图片相呼应的同时，符合旅游行业颜色的选择，给人一种轻松出行的心理感受，如图 2-6 所示

图2-6

2.1.2 不同应用选择不同的颜色

　　PPT 的用途非常广泛。除了最常见的工作汇报、企业宣传和产品推介外，还常常被应用到婚礼庆典、节日典礼、文化艺术和教育课件等方面。为了能够在获得好的视觉效果的同时，还能够有所区分，可以通过采用不同的色彩搭配方式展示不同领域 PPT 设计的特点。

工作汇报

　　工作汇报是 PPT 设计中最为广泛的应用类型。在制作这类 PPT 时，一般使用商务蓝、中国红和简洁灰 3 种颜色。这些颜色既是中国的大众色，也是观众比较容易接受的颜色，如图 2-7 所示。

工作汇报就是把某一时期的工作进行一次全面系统的总检查、总评价，因此这种类型的 PPT 一般以简洁和严肃为主，在实际的应用中可根据具体的情况选择较为沉稳和大气的颜色。

该页面运用了大气的蓝色，色调淡雅，通过不同色块拼接进行页面装饰，在丰富页面色彩的同时，又不失简洁性实用性

（主色） （辅色）

RGB(0 76 125)　　RGB(243 87 46)

图2-7

文化艺术

文化艺术类型的 PPT 一般都使用在需要增强气氛以及宣传艺术气息的场合，通常使用跳跃性较大的颜色，重点颜色较为突出。不同地方的文化艺术颜色使用也不尽相同，例如，中国青花瓷类的 PPT 应该使用青色和蓝色进行展示，介绍茶道的 PPT 则应该采用绿色进行展示，剪纸类的 PPT 页面应该使用红色来进行展示，页面效果如图 2-8 所示。

该页面运用了红色，充分地展示了中国剪纸的文化艺术，与主题内容相呼应

（主色） （辅色）

RGB(0 76 125)　　RGB(243 87 46)

图2-8

在制作婚庆主题的 PPT 时，可采用多种暖色调的颜色进行搭配，需要注意的是在颜色搭配时要注意整体页面的视觉效果，否则会适得其反。

婚礼庆典 ⋯⋯⋯⋯⋯⋯•

完美的色彩搭配能够使婚礼庆典的 PPT 充满强烈的视觉冲击力，从而有效地吸引观看者的眼球，因此在制作过程中一般采用较为喜庆且浪漫的颜色，例如红色、粉色和橙色等，如图 2-9 所示。

图2-9

该页面以白色为主色调，以粉色为辅色，营造满满的婚礼喜庆的氛围

（主色）	（辅色）
RGB(243 239 209)	RGB(225 2 121)

教育课件 ⋯⋯⋯⋯⋯⋯⋯⋯⋯⋯⋯⋯⋯⋯⋯⋯⋯⋯⋯⋯⋯⋯⋯⋯⋯⋯⋯⋯⋯⋯⋯⋯⋯⋯⋯⋯⋯⋯•

教育课件色彩搭配与其他行业的 PPT 色彩搭配不同。首先要考虑浏览者的年龄和行业。其次为了不影响教育效果，颜色不宜过于鲜艳，同时颜色数量也不能太多，尽量不要超过两种颜色。最后页面风格最好采用同色系搭配的方式，重点信息采用补色搭配的方法。既要保证整个页面风格统一，又要突出核心内容，如图 2-10 所示。

该页面以浅绿色为主色调，搭配白色的文字，符合教学 PPT 的简洁、以内容为主的要求

图2-10

（主色）	（辅色）
RGB(9 185 175)	RGB(255 255 255)

2.1.3 不同客户选择不同的颜色

PPT 主要起到向人们展示内容和传播信息的作用，不同的 PPT 主题拥有不同的观看者，而不同的观看者拥有不同的色彩喜好，因此在制作 PPT 的过程中，一定要考虑到观看者的感受。

一般在制作 PPT 时，先要了解目的，其次要了解观看者，不同年龄阶段的人对颜色的喜好是明显不同的，只有选择适当的配色才能够引起观看者的注意。表 2-2 所示为不同年龄段对色彩的偏好。

提示

例如老人通常偏爱灰色、棕色等较暗的颜色，儿童通常喜爱红色、黄色等较亮的颜色。也就是说，年龄越大，所喜欢的颜色越来越趋向于偏暗色调。

表 2-2

年龄层次	年龄段	喜欢的颜色	
儿童	0~12岁	红色、黄色、绿色等明艳温暖的颜色	
青少年	13~20岁	红色、橙色、黄色和青色等高纯度高明度色彩	
青年	21~40岁	纯度和明度适中的颜色，还有中性色	
中老年	41岁以上	低纯度、低明度的颜色，稳重严肃的颜色	

儿童·······

　　儿童给人天真活泼的感觉，明度和纯度较高的配色可以营造欢快、明朗的氛围，因此使用此类配色的 PPT 才能够引起儿童的注意，如图 2-11 所示。

图2-11

（主色）	（辅色）		（主色）	（辅色）
RGB(238 107 0)	RGB(146 235 53)		RGB(255 124 128)	RGB(53 215 203)

该页面色彩丰富，采用色彩明丽鲜艳的搭配方式，瞬间激发孩子们的学习兴趣

41

Before

调整前的页面使用暗色调为背景，虽然页面中有花草对页面进行点缀，但与页面的整体风格不符，整个页面显得毫无美感，如图2-12所示

After

使用颜色较为鲜明的蓝色，与页面中的元素相呼应，使整个页面呈现活泼的视觉效果，能够引起孩子们的注意力，如图2-13所示

提示

儿童刚进入这个大千世界，思维简单直接，遇到的一切都是未知的，需要最简洁的、鲜明的和刺激强烈的色彩，这样他们的神经细胞产生得快，补充得也快。随着年龄的增长及阅历的增加，脑神经记忆库被其他刺激占据了很多，对色彩的感觉相应地成熟和柔些。

青少年

　　青少年比较喜欢高纯度和高明度颜色，因此在制作PPT的过程中应尽量选择这类颜色来进行展示，例如红色、绿色和青色等，图2-14所示的PPT页面表现出青春活力的感觉。

该页面以黑板报的方式展示主题，其内容丰富，搭配白色的文字，与主题相呼应，体现青少年充满活力的校园生活

（主色）	（辅色）
RGB(16 54 0)	RGB(255 255 255)

青年

当人们步入社会后，就进入了青年的阶段，随着人们的生活越来越忙碌，会比较喜欢纯度和明度适中的颜色来简洁明了地表达主题，如图 2-15 所示。

该页面以深蓝色为主色，搭配不同色块的圆形进行点缀，搭配白色的标题文字，使整个页面显得很大气，突出主题内容

图2-15

（主色）	（辅色）
RGB(0 48 86)	RGB(41 149 149)

中老年

中老年对色彩的敏感度较低，他们更加喜欢低明度、高纯度的颜色，如灰色、咖啡色和深蓝色。在颜色搭配上也尽量少使用颜色，重点信息重点突出即可，图 2-16 所示为适合中老年浏览的页面效果。

该页面以灰色为主色调，以浅灰色到深灰色的文字为辅色，整个页面给人平稳、典雅的感觉，符合老人年的视觉偏好

图2-16

（主色）	（辅色）
RGB(195 183 152)	RGB(112 69 35)

> **提示**
>
> 不同年龄阶段的人群会喜欢不同的色彩，但 PPT 的配色也不是一成不变的，因此在设计 PPT 的过程中要结合实际的情况来选择最合适的色彩进行搭配。

除了不同年龄段的人群选择不同的颜色外，在同样的目标群体中，也会因职业、年龄和性别等的不同对颜色的偏爱有所不同。下面简单介绍不同性别的人群会喜欢怎样的配色。

男性

男性一般会对深色系的颜色更为钟情，喜欢的颜色多以蓝色、棕色和黑色为主，表 2-3 所示为男性对色彩的喜好。

表 2-3

男性	喜欢的色相	蓝色 深蓝色 深绿色 棕色 黑色 灰色	
	喜欢的色调	深色调 暗色调 纯色调	

当设计以男性为主的健身俱乐部宣传的 PPT 时，可选择较深的黑色为主色调，页面效果如图 2-17 所示。

图2-17

该页面使用黑色为主色,搭配白色的文字,增强页面的可读性,合理的人物形象将主题表达得更加清晰

（主色）	（辅色）
RGB(0 0 0)	RGB(255 255 255)

女性 ···•

通常女性喜欢的颜色与男性相反，女性多对明艳色调及暖色调感兴趣，一般都比较喜欢粉色和红色等，如表 2-4 所示。

表 2-4

女性	喜欢的色相	粉红 红色 紫色 紫红色 青色 橙红色	
	喜欢的色调	亮色调 明艳色调 暖调	

在设计 PPT 的过程中，当设计以女性为主的化妆品类 PPT 时，可选择较亮的色彩进行搭配，效果如图 2-18 所示。

该页面主要针对女性用户进行设计，因此采用了多彩并且鲜亮的色彩进行搭配，使得整个页面色彩鲜亮，生机勃勃

（主色）	（辅色）
RGB(218 126 111)	RGB(217 122 166)

（主色）	（辅色）
RGB(133 163 213)	RGB(171 140 208)

秋季化妆品
你、我、他一次岁月逆袭的机会

图2-18

案例分析

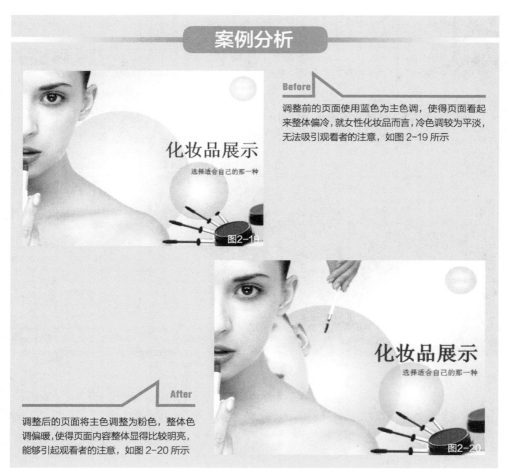

Before

调整前的页面使用蓝色为主色调，使得页面看起来整体偏冷，就女性化妆品而言，冷色调较为平淡，无法吸引观看者的注意，如图 2-19 所示

After

调整后的页面将主色调整为粉色，整体色调偏暖，使得页面内容整体显得比较明亮，能够引起观看者的注意，如图 2-20 所示

化妆品展示
选择适合自己的那一种
图2-19

化妆品展示
选择适合自己的那一种
图2-20

2.1.4 特殊情况特殊的选择

除了不同行业、不同应用以及不同客户选择不同的颜色外，还有一些特殊的情况要特殊选择。不同国家、民族和地域，对各种颜色符号的认知是不同的。下面介绍几种颜色在不同国家和地区所代表的含义。

白色 ···

在欧美，白色通常是新娘在婚礼上穿着的婚纱的颜色，表示爱情的纯洁和坚贞，如图 2-21 所示。而在亚洲，白色通常与死亡和丧事相关联。

图2-21

整个页面中主要运用了白色，白色在西方国家被认为是纯洁、美好的象征

（主色）	（辅色）
RGB(133 163 213)	RGB(171 140 208)

黄色 ···

黄色在我国几千年的发展长河中，都表示皇权、崇高和辉煌，如图 2-22 所示。而在西方国家，黄色却常有忧郁、胆小和令人讨厌等含义。

图2-22

整个页面中主要运用了黄色，将城市高楼大厦的辉煌与繁荣展现得淋漓尽致

（主色）	（辅色）
RGB(239 238 120)	RGB(236 167 11)

蓝色 ···

蓝色会使人联想到天空、水和宇宙，又能体现自由、平静之感，如图 2-23 所示。在亚洲，蓝色象征着永恒与深邃、高远与博大、壮阔与浩渺，是令人心境畅快的颜色。而在西方国家蓝色则代表忧郁。

该页面主要运用了浅蓝到深蓝的渐变色，将宇宙间的浩瀚和神秘充分地展现了出来

图2-23

（主色）	（辅色）
RGB(20 121 173)	RGB(8 38 50)

 提示

由于不同的色彩在不同的国家代表的含义不同，因此在制作 PPT 之前，首先应对客户有一定的了解，否则会直接造成设计作品的失败。

2.2 选择正确的主色调

在 PPT 中，颜色是非常重要的组成部分。不同的颜色会唤起人们不同的情绪反应，个人反应可能与个人的喜好有关，也可能与文化背景有关。因此选择合适的主色调也是一件非常重要的事。

2.2.1 色彩意向决定主色调

展示设计主题的元素除了主要的图形和文字外，色彩也是非常重要的元素，页面中的主色调应与设计的主题相配合，以烘托该 PPT 版面所营造的氛围，强化页面所要传达的信息，令观看者产生心理上的共鸣，从而达到成功传播信息的目的。

提示

当看见某种色彩或是听见某种色彩名称的时候，心里都会自动描绘出这种色彩带给我们的喜欢、讨厌、开心或悲伤的情绪。这种对色彩的心理反应、联想到的东西多数与每个人的经历、生活环境、家庭背景、性格和职业等有着密切的关系。

红色

在我国制作年终总结的 PPT 页面中，一般都采用红色，如图 2-24 所示。红色象征着繁荣、昌盛、幸福、幸运和喜庆。红色是火的色彩，表示热情奔放，由于血也是红色的，因此红色又代表了革命。

图2-24

该页面中采用鲜艳的红色为主色，搭配黄色的文字，使整个页面洋溢着喜庆

（主色）	（辅色）
RGB(215 0 15)	RGB(255 255 102)

橙色

当要设计一个欢迎华侨回家的 PPT 时，就可采用橙色为主色调，如图 2-25 所示。橙色是一种充满生气和活力的颜色，在暖色系中最温暖。

橙色，又称橘色，为二次颜料色，是红色与黄色的混合。除此之外，柔和的橙色还能使人联想到秋天、秋色和丰硕的果实，因为它与季节的变换相关。

图2-25

该页面中橙色与黄色为背景颜色，使得整个页面呈现温暖的感觉，与主题内容相呼应

（主色）	（辅色）
RGB(231 142 32)	RGB(255 255 102)

图2-26

该页面运用黄色突出主题，与图片内容相符合，整个页面洋溢着财富的气息

黄色

当要设计理财课程的 PPT 时，就可采用黄色和橙色为主色调，如图 2-26 所示。由于黄色是黄金的颜色，因此也有财富的含义。

黄色是三原色之一，给人轻快、充满希望和活力的感觉。黄色使人联想到温暖、深情、成熟和辉煌。

（主色）	（辅色）
RGB(207 86 3)	RGB(255 255 102)

蓝色

当设计大型公益晚会的 PPT 时，可采用蓝色为主色调，如图 2-27 所示。蓝色具有沉稳的特性，在商业设计中有理智和准确的意象，并且可以用来强调高科技、高效率的商品或企业形象。

提示

蓝色是各国都容易接受的颜色，代表着和平、理性、科技、智慧、广阔、镇定、清新、包容、雄性、信任和忠诚等，蓝色属于较冷的颜色而且给人非常纯净感觉，通常让人联想到海洋、天空、水和宇宙等。

该页面中采用蓝色的渐变为背景色，搭配白色和黄色的文字，突出主题，使整个页面呈现严肃中透出一丝温暖的效果

图2-27

（主色）	（辅色）
RGB(3 47 129)	RGB(247 248 2)

绿色

设计旅行 PPT 时，一般采用绿色为主色，绿色象征着新的开始和新的征程，如图 2-28 所示。

该页面中绿色为主色，绿色使整个页面呈现清新与健康的感觉

（主色）	（辅色）
RGB(55 147 22)	RGB(255 255 255)

绿色是黄色与蓝色的合成色，有青涩、幼稚、健康、放松、安全、同行、镇静、和平、清新和新鲜之意，意味着新生和富饶。除此之外，绿色有准行动之意，因此交通信号灯中绿色代表可行。

紫色

当需要设计梦幻主题的 PPT 时，使用紫色为主色调是最好的选择，如图 2-29 所示。一直以来，紫色都与高贵、浪漫、亲密、奢华、神秘、幸运、贵族和华贵等有关。紫色是红色和蓝色的合成色，是一种极佳的刺激色。而浅紫色（淡紫色）则更多给人浪漫的感觉。

该页面采用浅紫色到深紫色的渐变，搭配白色的文字，使整个页面给人一种浪漫且神秘的感觉

图2-29

（主色）	（辅色）
RGB(207 86 3)	RGB(154 10 105)

白色 ....●

在设计商业 PPT 时，也可以以白色为主色调，它代表一种简洁、利落的工作态度，如图 2-30 所示。

图2-30

该页面以白色为主色，搭配浅蓝色的色块及文字，并与使用灰色展现人像写真的图片完美结合，使整个页面显得极为特别

（主色）	（辅色）
RGB(255 255 255)	RGB(203 229 255)

由于在设计中，白色通常作为中立的背景来传达简洁的理念，因此在极简风格的设计中，白色用得最多。白色象征高级、高科技，通常需要和其他色彩搭配使用。

提示

白色通常代表着干净、整洁、圣洁、纯洁、公正、端庄、正直和超凡脱俗，与健康相关的事物也可以选用白色。

黑色 ....●

在设计总结汇报类的 PPT 时，通常为了展示该 PPT 的严肃性，会采用黑色为 PPT 的主色调，如图 2-31 所示。

黑色是一种很强大的色彩，它可以表示力量、高雅、庄重、严谨、热情、信心和力量，但也表示悲哀、死亡、罪恶、腐坏、邪恶、抑郁、绝望和孤独。另外，黑色也会给人危机感，让人产生焦虑的感觉。

图2-31

该页面以黑色为主色，以灰色为辅色，整个页面给人以严肃且庄重的感觉

（主色）	（辅色）
RGB(159 159 159)	RGB(182 182 182)

提示

合适的色彩具有强烈的说服力，不仅能够激发人们在学习过程中的兴趣，还能够增强人们的理解与记忆能力，因此在制作 PPT 时，一定要根据自己的 PPT 主题来使用合适的颜色。

2.2.2 根据行业决定主色调

一般情况下，不同的行业的代表颜色不同。例如，餐饮业的代表颜色为红色、黄色和橙色，教育业的代表颜色为绿色和蓝色。浏览者看到某种颜色，首先就会联想到某个行业甚至某家公司。因此，选择正确的主色调，可以帮助浏览者更快的接受页面介绍的内容。

金融行业 ···○

会计、金融、银行、保险和体育等行业需要强调可靠感，多用橙色、黄色、深咖啡色、深红色、普蓝色等理性并且沉稳的色彩，用户应可以根据具体的 PPT 的用途来决定主色调。例如，当要做一个学校金融系的 PPT 时，首先要考虑到该 PPT 与主要内容呼应，在这里使用黄色比较妥当，如图 2-32 所示。

该页面以黄色为主色，与主题内容相呼应，直截了当地表明该 PPT 的中心内容

图2-32

（主色）	（辅色）
RGB(226 188 103)	RGB(248 223 43)

汽车行业 ···○

当需要制作宣传和销售汽车类的 PPT 时，首先要根据展示产品的颜色来确定主色调，如在宣传的汽车颜色为黑色时，就需要选择与黑色相搭配的深蓝色为主色，页面效果如图 2-33 所示。

该页面使用深蓝色为 PPT 的主色调，将页面中产品的高端大气的形象呈现出来

汽车销售展示
总有一款适合您
图2-33

（主色）	（辅色）
RGB(34 40 62)	RGB(166 16 18)

美妆行业 ···○

当需要制作化妆品的展示 PPT 时，首先要考虑的是如何针对女性进行 PPT 色彩的选择，通常选择暖色系作为 PPT 的主色调，如粉色、红色和黄色等较为艳丽的颜色，以吸引观看者的注意力，如图 2-34 所示。

该页面使用浅粉色为主色调，在衬托化妆品的同时，使整个页面呈现和谐且一致的画面感

（主色）　　　　　　　　　　　（辅色）

RGB(246 203 187)　　　　　　RGB(72 48 48)

图2-34

提示

在 PPT 设计中，页面色彩的选择应与设计的主题相配合，以烘托出版面所营造的氛围，强化所要传达的信息，令观看者心理上与之产生共鸣，从而达到成功的宣传目的。

2.2.3 人决定"色"

在设计 PPT 时，当具体到某一个人最终决定你的设计采用什么样的主色调时，要在日常的沟通中留意他的穿着搭配和颜色喜好，只有这样才能够投其所好地设计出他所中意的 PPT 作品。如当客户喜欢多彩或比较炫的风格时，就可以将 PPT 设计为图 2-35 所示的形式。

图2-35

该页面将汽车模型设计成五彩的效果，在白色的背景上显得更加绚丽，给人一种强烈的视觉冲击，在满足了客户需求的同时又清楚地表明了主题内容

（辅色）　　　　　　　　　　　（辅色）

RGB(243 124 68)　　　　　　RGB(86 186 220)

2.2.4 客户，您说了算

无论在设计中的哪个行业，客户都是最终决定你的设计是否合格的重要人物，因此想要达到客户预期的效果，除了拥有强大的专业素养外，沟通也是非常重要的环节。

在上文中已经对不同行业的 PPT 应用做了简单介绍，在不违背设计原则的前提下，也要尊重客户的主观意见，因此在设计 PPT 之前，可以直截了当地询问客户想要自己的 PPT 呈现怎样的风格。

当客户想要做一个中国风的 PPT 时，通常用红色为主色调，但客户想以黑色为 PPT 的主色调，在设计时可通过融合客户的意见将 PPT 主色调改为黑红色，如图 2-36 所示。

图2-36

该页面以黑色和红色为底色，搭配同心结的主体，在清楚表达主题的情况下还尊重了客户的意见

（主色）	〈辅色〉
RGB(3 2 8)	RGB(153 24 46)

2.3 使用辅色烘托主题

在制作 PPT 的过程中，需要使用两种或多种对比强烈的色彩作为主色时，必须找到平衡主色之间关系的一种颜色，如白色、灰色和黑色等，但需要注意的是各主色之间的亮度、对比度和具体占据空间比例的大小，在综合这几个因素的前提下选择 PPT 的辅助色。

提示

辅助色在整体的画面中应起到平衡主色的作用，并减轻主色对观看者造成的视觉疲劳，起到一定的视觉分散作用。

2.3.1 干净一致——同色系搭配

同一色相不同纯度的色彩组合称为同色系搭配，这样的色彩搭配可以产生统一和谐的页面效果，它不是各种色相的对比因素，而是色相调和的因素，也就是把对比中的各色统一起来。

提示

通过同色系辅助色的色相对比，色相感就显得协调、柔和，无论总的色相倾向是否鲜明，调色都很容易统一和谐。

这种搭配方法比较适合初学者使用，仅仅改变色相，就会使整体搭配发生改变，通过运用同色系间的变化搭配，可以突出同色系色彩的层次感，从而不显得单调乏味，并且简单易行，如图 2-37 所示。

该页面使用浅蓝色为主色，使用深蓝色为辅色，通过蓝色的明度和纯度的变化使得该页面呈现层次感

图2-37

（主色）	（辅色）
RGB(0 47 129)	RGB(0 148 210)

提示

同色系是指在某种颜色中，添加白色明度就会逐渐提高，添加黑色明度就会降低，但同时它们的纯度，也就是颜色的饱和度就会降低，相同的颜色，因光照射的强度不同也会产生不同的明暗变化。

2.3.2 简单粗暴——对比色搭配

对比色是指在色相环中每一个颜色对面（180°对角）的颜色，也称为互补色。把对比色放在一起，会给人强烈的排斥感。若把对比色混合在一起，会调出浑浊的颜色。例如，红与绿，蓝与橙，黄与紫互为对比色。

适当地使用对比色，不仅能加强页面色彩的对比和距离感，而且能表现出特殊的视觉对比与平衡效果，如图 2-38 所示。

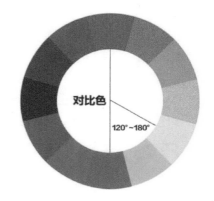

该页面使用深蓝色为主色，以橙色为辅色，使深蓝色和橙色的强烈对比，给人强烈的视觉冲击力，从而增强页面文字的可读性

图2-38

（主色）	（辅色）
RGB(40 40 40)	RGB(255 98 46)

2.3.3 方便快捷——邻近色搭配

邻近色是指在色带上相邻的颜色，例如朱红和橘黄互为邻近色。

由于邻近色的色相与色彩相似，暖色组与冷色组都比较明显，色调统一和谐，并且感情特征相一致，因此在设计 PPT 时，使用邻近色搭配可以使 PPT 避免色彩杂乱，从而达到页面统一和谐的效果，如图 2-39所示。

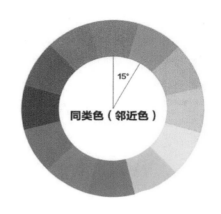

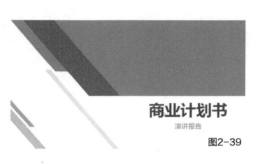

商业计划书

演讲报告

图2-39

该页面使用青绿色为主色，搭配蓝色为辅色，使用邻近色的搭配方式，在丰富页面色彩的同时，又有统一的视觉感

（主色）	（辅色）
RGB(26 141 146)	RGB(17 96 126)

2.3.4 艺术范的搭配——灰的运用

灰色是一个"无彩色"，没有属于自己的色相和饱和度，只有明度，介于黑色和白色之间。合理地使用灰色能够使自己的 PPT 更加简约大方，淡雅庄重。下面从不同的方面介绍灰色的使用。

作为背景 ....●

在制作 PPT 时，使用灰色作为背景能够有效烘托其他元素，使页面看起来干净素雅，特别是与白、黑色渐变，效果更好，如图 2-40 所示。

图2-40

该页面使用渐变灰色为背景色，搭配黑色的文字及粉色的主体，更加清楚地烘托主题

（主色）	（辅色）
RGB(201 201 201)	RGB(212 57 115)

作为图片 ···•

在制作 PPT 时，使用灰色图片，既能看清，又不会喧宾夺主，使页面中的重点突出显示出来，还能增强页面的神秘感，页面效果如图 2-41 所示。

该页面搭配灰色的图片和橙色的文字，使整个页面呈现复古且神秘的感觉，突出主题

（主色）	（辅色）
RGB(201 201 201)	RGB(255 102 0)

作为文本 ···•

在处理 PPT 文本内容的过程中，一般是将不重要的部分用灰色处理，从而达到突出重要元素的目的，页面效果如图 2-42 所示。

该页面对文字做了灰度处理后，并搭配不同的色块使整个页面的标题文字突出，并且看起来没有特别拥挤

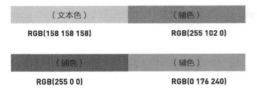

（文本色）	（辅色）
RGB(158 158 158)	RGB(255 102 0)

（铺色）	（辅色）
RGB(255 0 0)	RGB(0 176 240)

2.4 文本颜色同样重要

众所周知，文本是整个 PPT 的核心内容，是向观看者传递信息的重要手段，使用合适的文本颜色在 PPT 设计中也是非常重要的，它直接影响整个 PPT 的可读性及趣味性。下面简单介绍文本颜色的常用选择方式。

2.4.1 最安全的选择——黑色和白色

在幻灯片文本颜色的选择中，白色和黑色使用范围最广，也称白色和黑色为最安全的颜色。当用户的 PPT 主题为亮色调时，如白色、粉色和黄色等，这时文本颜色可使用黑色；当用户的 PPT 主色调为暗色调时，如黑色、深褐色和紫色等，文本颜色可使用白色，如图 2-43 所示。

该页面使用黑色为背景色，搭配白色的文字，清晰表明主题文字，使文字一目了然

图2-43

（主色）	（文本色）
RGB(0 0 0)	RGB(255255 255)

提示

幻灯片文本的颜色首先要考虑的是与主色调的对比，为了能够让文字更加清晰地显示在屏幕上，避免页面的混乱与模糊不清，最安全的选择就是黑色和白色的文本。

2.4.2 跳出来的选择——主色的补色

在选择 PPT 的文本颜色时，要求搭配得醒目并且和谐，这时可选择主色调的补色为文本颜色，例如当 PPT 的主色调为红色时，就可选择青色为文本颜色，当 PPT 的主色调为蓝色时，就可选择黄色为文本颜色，从而能够使页面产生醒目的视觉效果，如图 2-44 所示。

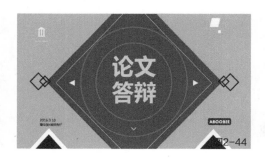

该页面使用蓝色为主色调，搭配黄色的文本颜色，形成强烈的视觉冲击感，使其标题文字更加醒目

图2-44

（主色）	（文本色）
RGB(0 100 150)	RGB(255 234 0)

2.4.3 色调一致的需要——主色或辅色

在 PPT 的制作过程中，当不知该如何选择文本颜色时，就可使用与主色相同的颜色为文本色，这样就可使得页面不会显得单调乏味，并且简单易行，同时可避免色彩杂乱，易于达到页面的统一和谐。

使用主色为文本颜色 ··●

文字和主色调的颜色搭配要合理，字体的颜色与主色息息相关，用户可以选择与主色相同的颜色为文本色，从而统一整个页面的色彩效果，使页面呈现一致且大气的视觉效果，如图 2-45 所示。

图2-45

该页面使用蓝色为主色调，搭配蓝色的文本，与整个页面相呼应，达到页面一致的视觉效果

（主色）	（文本色）
RGB(73 162 230)	RGB(73 162 230)

使用辅色为文本颜色 ....●

当页面中的辅色比较绚丽时，可以使用任意一种辅色作为文本的颜色，这样能够使 PPT 在拥有丰富色彩的同时而不失页面的整体性，如图 2-46 所示。

图2-46

该页面使用黑色为主色，以多彩的颜色为辅色，搭配黄色的文字，使整个页面色彩绚丽且不失一致性

（主色）	（文本色）
RGB(25 25 25)	RGB(249 181 48)

案例分析

图2-47

Before

调整前的页面使用黑色为文本色，虽然黑色是较为安全的颜色，但在此处使用黑色与整体页面效果不符，如图 2-47 所示

After

调整后的页面中使用主色为文本颜色，与页面形成呼应的同时，也对重点内容进行强化，整体给人舒畅和明朗的视觉感受，如图 2-48 所示

图2-48

2.5 色彩的对比使用

运用色彩的对比能够将突出显示版面的重要信息，并且能够使观看者快速且准确地将目光定位在重点的内容上，从而达到传达重要信息的作用。色彩的对比主要通过颜色的面积、纯度、位置及嵌套来影响整个页面的效果。

2.5.1 面积的对比影响页面效果

色彩面积的比例是指色彩组合和设计中各部分局部与整体之间达到的比例关系，它随着形态的变化及位置空间变化的不同而产生，对于色彩设计方案的整体风格和美观起着重要的作用。

> **提示**
>
> 色彩的面积效果，对同一色彩而言，面积越大，明度、纯度越强；面积越小，明度、纯度感越弱。面积大时，亮色显得更轻，暗色显得更重，色彩更鲜艳。

等比例面积

在制作 PPT 的过程中，不同的颜色以相同的面积出现在页面中时就叫作等比例面积对比，这时该页面会产生对比较为强烈的视觉效果，如图 2-49 所示。

图2-49

该页面使用相同面积的不同颜色进行组合，形成强烈的对比，使整个页面呈现上下均衡的效果

（主色）	（主色）
RGB(210 206 177)	RGB(13 13 13)

面积减少

在制作 PPT 的过程中，随着对比色一方的面积逐渐扩大，另一方的面积逐渐缩小，对比会逐渐减弱。面积减少的颜色一方，会有为对方色彩补色的倾向，页面效果如图 2-50 所示。

图2-50

该页面中的黄色面积比蓝色面积弱，其对比效果减弱，黄色就成为该页面的辅助色

（主色）	（辅色）
RGB(0 40 91)	RGB(248 192 11)

提示

在 PPT 的版面中，色面积越悬殊，对比越弱，并逐渐走向由面积大的一方主控画面的色调。色面积均等时，对比最强。

2.5.2 颜色的位置摆放对页面的影响

在组合调配 PPT 画面的过程中，有时为了改善整体设计的单调、乏味和平淡的状况，增强页面活力的效果，通常要在 PPT 的某个位置设置强调和突出的色彩，以此起到画龙点睛的作用，一般重点色都安排在画面的中心或主要位置，如图 2-51 所示。

该页面以绿色为重点色，使标题文字更加鲜明，并且点缀了整个灰色的页面，增强了页面的活力与表现力

（主色）	（辅色）
RGB(200 200 200)	RGB(0 128 1)

图2-51

案例分析

图2-52

Before

调整前的色块与标题文字置于页面的中间位置，遮挡背景图片的中间部分，影响整个页面的视觉效果，如图 2-52 所示

After

将页面中的色块与文字整体向右移动，使页面形成左右分布的格局，从而使背景图片更加直观地展现出来，增强页面的美观性，如图 2-53 所示

图2-53

在使用重点色彩时应注意，重点色的面积不宜过大，否则会与主色调发成冲突，从而失去了画面整体统一的感觉；面积过小，则会被周围的色彩所同化，由于不被人们注意而失去作用。只有恰当面积的重点色才能与页面的主色调相配合，使页面色调显得既统一又活泼。

2.5.3　颜色的嵌套影响页面效果

在设计 PPT 时，为了使不同位置的色彩相互之间有所联系，避免孤立的状态，一般都会采用"我中有你，你中有我"、相互照应、相互依存并且重复使用的手法，颜色的嵌套能够使整个页面统一协调并且充满情趣盎然的重复节奏的美感。颜色的嵌套一般有分散法和系列法。

分散法 ....●

分散发是指一种或是多种色彩同时出现在 PPT 画面的不同部位，使整体色调统一在某种格调中，页面效果如图 2-54 所示。

图2-54

通过使用不同的色块点缀页面，增强了页面的趣味性，也增强了页面重复节奏的美感

（辅色）	（辅色）
RGB(64 148 249)	RGB(0 233 179)

系列法 ....●

系列法是指在 PPT 的页面中同时出现一种或多种色彩，组成系列设计，能够产生协调和整体的感觉，如图 2-55 所示。

图2-55

该页面使用不同颜色但相同形状的色条有序地排列在页面，使整个页面产生同步的感觉

（辅色）	（辅色）
RGB(0 208 198)	RGB(255 149 4)

（辅色）	（辅色）
RGB(0 125 144)	RGB(255 85 17)

2.6 色彩使用对版式的影响

色彩的搭配有时会影响整个设计的成败，再好的 PPT 页面设计也要通过色彩的合理搭配才能够最终完成，因此色彩在整个版式中也起着非常重要的作用。

2.6.1 色彩与版面率的关系

版面率主要是由页面的留白量来决定的，页面的留白量越大，其版面率就越高，页面的留白量越小，版面率就越低。影响版面率的因素有很多，本小节主要介绍色彩对版面率的影响。

如相同的版面中，白色的底色和红色的底色相比较，红底的版面率就要小于白底的版面率，因此，如果页面中显得空旷却没有更多的元素可添加时，就可通过色彩的变化来调整版面率，从而使版面显现更加饱满的效果。

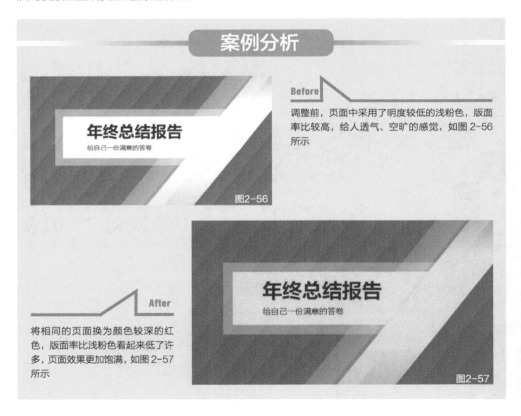

2.6.2 色彩在版面中的对称使用

合理地在版面中使用色彩，能够在丰富页面元素的同时达到良好的视觉效果，在版面中使用色彩对称是为了让页面不会失去重心，出现偏向一边的现象。

颜色对称使用可以是使用相同面积的相同颜色，也可以是不同面积的相同颜色进行对称，在设计 PPT 时，要根据具体的情况进行使用。

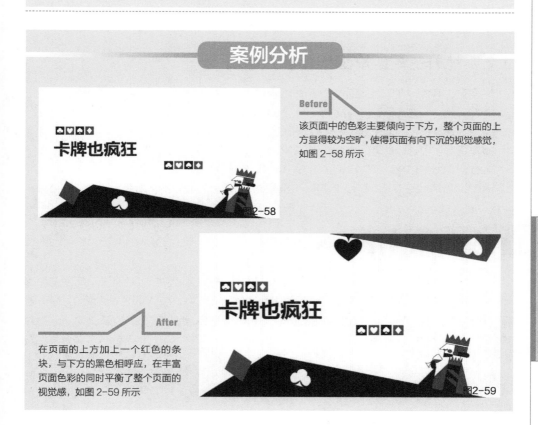

案例分析

Before 该页面中的色彩主要倾向于下方，整个页面的上方显得较为空旷，使得页面有向下沉的视觉感觉，如图 2-58 所示

图2-58

After 在页面的上方加上一个红色的条块，与下方的黑色相呼应，在丰富页面色彩的同时平衡了整个页面的视觉感，如图 2-59 所示

图2-59

2.7 专家支招

通过本章的学习，相信读者已经对 PPT 的配色选择有了相应的了解，下面解答在 PPT 色彩搭配时两个常见问题。

2.7.1 没有美术基础，可以运用哪些方法进行配色

如果没有美术基础并且对配色也不擅长，可以尝试着从色彩的形象基础着手，下面为读者介绍几种常用的方法。

● 多对色彩进行联想，使用联想进行配色，如提到中国艺术时，脑海中会联想到书法、陶瓷和剪纸等文化，而且代表的颜色有红色、青色和棕色等，将这些色彩挑选出来，使用符合自己的 PPT 主题的即可。

● 在选择色彩时可以挑选一个主色调，如需要呈现出健康、积极向上的感觉的时候，就以绿色作为主色调，需要呈现浪漫、可爱的感觉，就以淡粉色作为主色调。

● 确定主色调之后，再选择其他可以搭配的色彩，不过也需要注意各种色彩在明亮度上的差异。

● 即使使用同样的配色，只要面积、比例和位置稍有变换，就会给人完全不同的感觉，因此可以多做几种组合，再从中挑选出效果最佳的方案。

2.7.2 怎样的配色能够被多数人喜爱

色彩是主观的东西，有些色彩之所以会被大多数人喜欢，基本符合以下几个要素。

● 顺应经济、时代的变化与发展趋势，和人们的日常生活息息相关。

● 明显区别于别的诉求色彩，跳脱传统的思维，与众不同。

● 与图片、照片或商品搭配起来，没有不协调感或有任何怪异之处。

● 能让人感受到色彩背后所要强调的故事性、情绪性和心理层面的感觉。

● 页面上的色彩有层次，由于不同内容或主题所适合的色彩不尽相同，因此在配色时要切合主题，表现出层次感。

2.8 本章小结

本章主要介绍了根据不同行业、不同应用及不同客户选择不同的 PPT 色彩，还对如何选择 PPT 的主色调、辅色调和文本色调进行了介绍，除此之外，对色彩的对比使用、色彩对版式的影响等进行了详细的讲解，希望通过本章的学习，读者能够在设计 PPT 时，不再为如何选择颜色而发愁。配色不是一成不变的，希望读者能够根据自己的实际情况来合理地进行选择。

第 3 章
版式的运用

版式设计是现代艺术设计中视觉传达的重要手段，从表面上看，它是一种编排的学问，但实际上，它不仅是一种技能，更是艺术与技术的高度统一。本章将主要对版式的运用进行详细的介绍。

提示

无论是平面设计、网页 UI 设计，还是 PPT 设计等，都讲究逻辑和沟通的有效性，让观看者尽可能快速地理解和记住所要传达的信息。

3.1 版式对页面的影响

在 PPT 设计中，版式是在有限的空间内，不删除页面内容的前提下，对文字、图片和图表等元素重新进行编排，使页面更加美观，内容一目了然，图 3-1 所示为优秀的版式设计。

该页面的图片排列采用不规则的形状进行拼接，从视觉上给观看者一种立体感，所以瞬间吸引人们的注意力

提示

版式既包括对页面的美化，也包含信息的组织。无论是演示辅助型 PPT，还是报告文档型 PPT，版式的合理运用都是非常重要的技巧。

3.2 常见版式类型

在 PPT 的设计中，版式类型多种多样，不同的内容需要不同的版式来进行设计，常见的版式类型包括标准型、左置型、斜置型、圆图型、中轴型、棋盘型和文字型，下面对这几种常见的 PPT 版式类型进行详细的介绍。

3.2.1 标准型

标准型的版式是在 PPT 设计中常见、简单而规则的版面编排类型，一般从上到下的排列顺序为图片、图表、标题、说明文字和标志图形等，页面效果如图 3-2 所示。

图3-2

该页面的版式设计运用了标准式的构图，自上而下地安排了图片、标题及说明，条理清晰，阅读非常流畅

提示

标准型的PPT设计能够自上而下符合人们认识的心理顺序和思维活动的逻辑顺序，能够产生良好的阅读效果。

3.2.2 左置型

左置型也是一种非常普遍的版面编排类型，它一般将纵长型图片放在版面的左侧，使之与横向排列的文字形成对比。这种版面编排类型十分符合人们的视线流动顺序，如图3-3所示。

图3-3

该页面的版式设计运用了将长图放置于左侧的方法，与文字形成对比，突出重点文字

3.2.3 斜置型

斜置型的版式是指在构图时将全部构成要素向右边或左边做适当的倾斜，使视线上下流动，从而使画面产生动感，如图3-4所示。

图3-4

该页面将页面元素设置成倾斜的形式，增强了页面的流动感，使画面产生动感

3.2.4 圆图型

在安排版面时，圆图型以圆或半圆构成版面的中心，在此基础上按照标准型顺序安排标题、说明文字和标志图形，在视觉上非常引人注目，页面效果如图 3-7 所示。

该页面将图片和解释排列成一个圆形，通过直线的方式进行指引，版面整齐且有规律

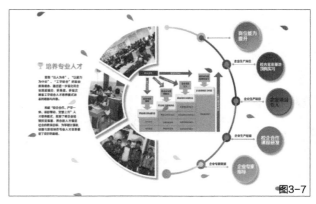

图3-7

3.2.5 中轴型

中轴型的版式是一种对称的构成形态，标题、图片、说明文字与标题图形放在轴心线或图形的两边，具有良好的平衡感。根据视觉流程的规律，在设计时要把诉求重点放在左上方或右下方，如图3-8所示。

图3-8

该页面将图片以对称的方式放置至两侧，形成良好的平衡感，中心为标题文字，突出内容

3.2.6 棋盘型

在安排版面时，将版面全部或部分分割成若干等量的方块形态，互相明显区别，作为棋盘式设计，页面效果如图3-9所示。

图3-9

该页面将图片与色块交错排列，给观看者一种视觉冲击感，内容丰富而不失整洁

3.2.7 文字型

在这种编排中，文字是版面的主体，图片仅仅是点缀。因此，在设计过程中，一定要加强文字本身的感染力，同时使字体便于阅读，并使图形起到锦上添花的作用，页面效果如图3-10所示。

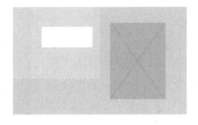

图3-10

该页面的"信"字合理地与图形相结合，增强了文字的趣味性，同时又不失文字的可读性

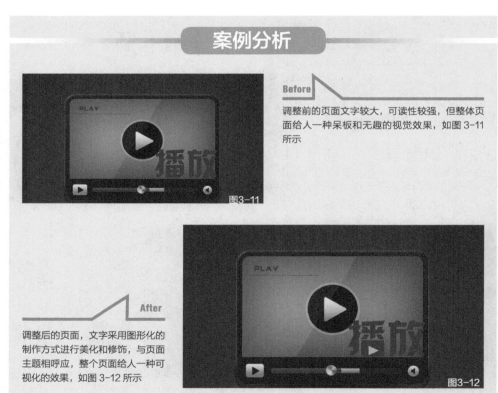

案例分析

Before

调整前的页面文字较大，可读性较强，但整体页面给人一种呆板和无趣的视觉效果，如图 3-11 所示

图3-11

After

调整后的页面，文字采用图形化的制作方式进行美化和修饰，与页面主题相呼应，整个页面给人一种可视化的效果，如图 3-12 所示

图3-12

3.3 PPT 页面中使用"点"

"点"是所有状态发生变化之前的根源，同时也是最简约、最基本的构成元素之一，"点"虽然面积小，但是当对它的形状、方向、大小和位置等进行编排设计后，就会变得相当具有表现力。

3.3.1 "点"产生不同视觉感受

"点"在设计作品中无处不在，它能够在有限的画面中起到点缀画面的作用，版式设计中的"点"灵活变化，使用不同的构图方式、大小和数量等都能够形成不同的视觉效果。例如在操场上站一个人，那么这个人相对于操场则形成一个视觉的点；又比如对于一片广阔的草原来说，其中的一只羊就形成了一个视觉的点。

提示

从版面上来看，版面中的点既可以是一个字，也可以是一个符号或一个图形。那么这些点的不同的组合与排列，就可以产生多种不同的视觉效果。

点的大小 •···•

点的判断完全取决于它所存在空间的相互关系，越小的形状越能给人点的感觉，点的面积变大就成了面，是一个造型概念。

在PPT设计中，点的大小表示大点与小点之间可以形成一定的对比关系，如图3-13所示。

图3-13

该页面由散开的形状构成大小不同的点，在这个版面里便形成了视觉的大点与小点。然而这种大小不一的点在视觉上就形成了一定的强弱、主次关系，同时给人一种视觉上的空间感和强烈的形式美感

图3-14

Before

调整前的页面使用相同大小的点对页面元素进行排列，整个页面呈现和谐且平淡的视觉效果，如图 3-14 所示

图3-15

After

调整后的页面通过对页面元素的大小进行调节，使得整个页面点的大小对比较为明显，突出重点内容，整个页面呈现出一种主次分明的视觉效果，如图 3-15 所示

点的重复

点的重复是将点有序地重复排列，在视觉上给人以一种机械、冷静的感受。在 PPT 设计中，点的重复能够使得整个页面呈现规律且有质感的视觉效果，页面效果如图 3-16 所示。

图3-16

点在版面中以水平的方向排列，带给人安定、平稳的感觉。在大面积棕色底上，灰色的小五角星形成细小的点，犹如纤纤细雨，给人以柔和细腻的心理感受

点有规律地重复，形成了一种较为稳定的视觉效果。

点的密集型排列

　　点的密集型排列是指将数量众多的点疏密并且有效地混合排列，以聚集或分散的方式形成对称式的构图，如图 3-17 所示。

图3-17

该页面将点密集有序地排列，形成长方形式的构图，并使用不同颜色的色块形成标题序列，加强了元素的表现力

提示

　　点在版面上的集散排列会带给人们一种空间的视觉效果，这样便强调了点的空间感，加强了整体作品形式感，使点和空间融为一体，强化了元素的表现力和视觉的个性。

点的分散式排列

　　点的分散式排列形式就是运用分解和剪切的基本手法来破坏整体性，形成新的构图效果，如图 3-18 所示。

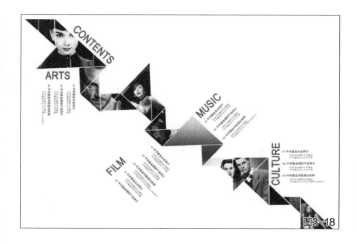

图3-18

该页面将简单的图片通过切割的方法分解并重新排列，形成一种新的构图方式，搭配不同版式的文字效果，与图片相呼应，使页面呈现神秘而时尚的感觉

3.3.2 "点"的分布形式

　　"点"的不同组合与分布，能够给观看者带来不同的视觉感受，它可以作为画面的主体，

也可以与其他的元素进行组合，起到平衡、点缀、填补空间和活跃画面氛围的作用。在 PPT 的版式中，不但要考虑到"点"的数量和分布方式，还要安排"点"的位置，不同的位置会对版式产生极大的影响，如图 3-19 所示。

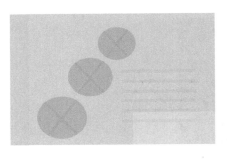

该页面将"点"以层级大小的方式排列在页面的左侧，符合人们从左至右的视觉流程

图3-19

提示

在 PPT 版式设计中，通过点的不同"排列"能够使版面产生不同的视觉效果，同时给观看者带来不同的心理感受，最常见的"点"的分布形式有上下式、左右式、左上式、右上式、右下式、边缘发散式、中心发散式和自由式等几种。其中边缘发散式和中心发散式有一定的规律，而自由式没有任何固定的规律，可以任意组合。只要把握好"点"的排列形式、大小、数量、方向和分布，就能够形成不同的版面效果，如稳重、活泼、动感和轻松等。

无论是哪种形式的排列布局，都需要根据实际的情况进行合理的排列，没有局限性，在设计版面时都应当灵活地进行运用。

上下式

在版式设计中，"点"的上下式排列是较为规整的一种方式，能够将页面合理地分为上下两个部分，自上而下的顺序符合人们思维活动的逻辑顺序，产生良好的阅读效果，如图 3-20 所示。

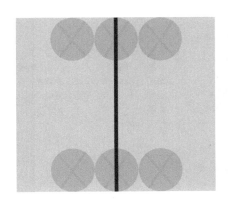

图3-20

提示

在设计 PPT 版式时，要根据实际的情况，合理地对版面进行排列，"点"的分布不一定和上面介绍的分布图中的一模一样，如在实际的版面中，只要点位于版面的上下方，无论大小、位置是否一致，是否对齐，都能够算作上下分布。

左右式

左右式，将页面中的图文通过左右分布的方式进行排列，清楚地表达了页面主题，通过文字与图片的对应方式加深对文字的理解，如图 3-21 所示。

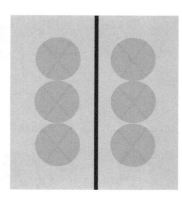

图3-21

提示

在设计 PPT 版式时，左右分布与上下式的分布一样，在实际的版面中，只要点位于版面的左右方，无论大小、位置是否一致，是否对齐，都能够算作是左右分布。

左上式

左上式的排列是将页面中的元素放在左上方的位置，它可以是图片、一段文字或一个标题等，造成较强的视觉冲击力，与页面中的其他元素形成相互呼应的视觉效果，如图 3-22 所示。

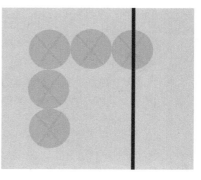

图3-22

右上式

右上式的排列与左上式的排列产生的效果相同，但唯一不同是将页面中的主要元素排列在版面的右上方，来突出内容的重点，增强页面的可读性，页面效果如图 3-23 所示。

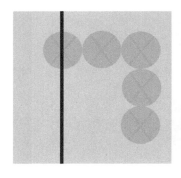

图3-23

左下式

左下式的排列是将页面中的主要元素排列在左下方的位置，令观看者的主要视线处于左下方的位置，明确地表达版面中所要传达的主要信息，如图 3-24 所示。

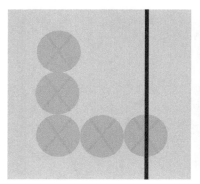

图3-24

右下式

将"点"分布在页面的右下方的位置，打破了人们常规的视觉流程，右下式的排列方式会将人们的视线优先放在右下的图片上，然后再移动到画面的左侧文字上，页面效果如图 3-25 所示。

中心散发式

中心散发式是指页面中的元素以一个点为中心，其他的元素按照一定的规律分散地排列在版面中，这种排列方式的构图新颖，能够瞬间吸引观看者的目光，如图 3-26 所示。

图3-25

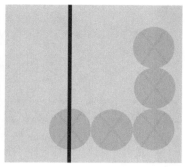

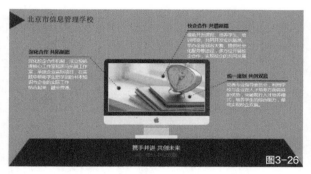

图3-26

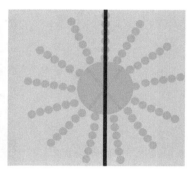

提示

只要是从同一中心向外散发即是中心散发式，并不一定要保证大小、间距等完全一致，可以根据自己的需要灵活地进行运用。

自由式

点的自由式分布就是指在版面结构中没有任何规律，随意地编排，从而使页面具有活泼并且多变的轻快感，如图 3-27 所示。

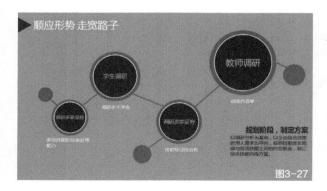

图3-27

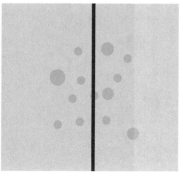

提示

在版面设计时自由构图并不是代表乱排，需要把握整体的协调性，使页面呈现分散并不失美观的效果。

3.4 PPT 页面中使用"线"

线也是 PPT 中较常用到的装饰元素，如直线、曲线和线框等。这些线看似简单，却是页面装饰的点睛之笔，如图 3-28 所示。

在该页面使用不同颜色的条块组成一条直线，用来修饰该页面标题，使得该页面呈现出干净整洁、时尚的感觉

2016公司年终总结

人力资源部创

图3-28

3.4.1 线与点之间的关系

在页面中，"线"是由无数个点构成的，是点的延伸和发展，如图 3-29 所示。文字所构成的"线"在版式中屡见不鲜，如图 3-30 所示。

（这是一个普通的点）

（点以一定的轨迹运动就变成了线）

（点连续运动形成的轨迹）

图3-29

图3-30

该页面使用文字的倾斜排列方式，使文字与页面中的其他元素相呼应，形成比较统一的排列效果，线的使用使页面更加整齐、富有活力、别具一格

提示

线的表现形式也是多种多样的，在空间中点只能作为一个独立体，而线则是将这些独立体统一起来的一种方式，并将点的效果进行延伸。

3.4.2 了解线的特性

线，无论是直线、折线还是曲线，都有着各自不同的特性，会因方向、形态、色彩的不同而产生不同的视觉感受，从而产生各种情感，大体的感觉分为以下几点。

● 直线表示静。
● 曲线表示动。
● 折现表示不安定。

另外，线还具有引导、装饰、分割版面及组合版面中各个元素的作用，下面介绍不同线条带给人的不同心理感受。

垂直线

垂直线给人一种力量、延伸和直接的心理感受，在版式设计中，垂直线具有引导人们视觉向上、下滑动的特性，产生上、下拉长的效果，如图 3-31 所示。

图3-31

该页面通过垂直线将页面标题分割开来，视觉上有拉长的效果

提示

若是在一个面上设置相互接近的垂直线, 线条的数量越多, 线条本身的特性就越弱。

水平线

水平线在版式中代表着平静与稳定, 它具有诱导人们视觉向两侧滑动的特性。合理地使用水平线能够将页面中的元素合理地分割, 使不同条目区分得更加明显, 页面效果如图 3-32 所示。

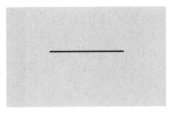

该页面使用直线对页面中的文本进行分割, 增强了文本的可读性

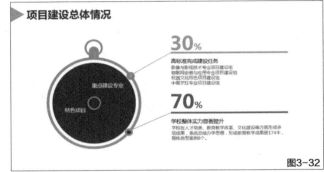

图3-32

提示

与垂直线一样, 若是在同一面上增加平行线的数量, 其特性、效果就会随之改变, 如果横条纹的粗细和间隔大小应用得当, 那么也会产生"苗条"的效果。

斜线

线条主要是为了视觉的延伸。斜线相对于横线和竖线来说会体现一种块面感, 尤其在 PPT 页面设计中, 使用斜线能够对空间进行分割或延伸, 使页面具有运动感和指向感, 如图 3-33 所示。

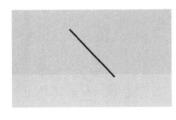

该页面通过使用斜线使页面中的目录显得更加具有层级感, 同时增强了页面的流动感

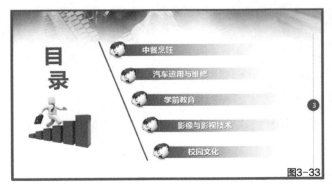

图3-33

折线

折线在页面版式中能够令方向变化更加丰富，使页面具有空间感和锐利感，在 PPT 中使用折线能够有效地引导观看者的视觉目光，页面效果如图 3-34 所示。

图3-34

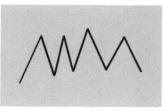

该页面通过使用折线将页面中的元素互相连接起来，使页面更加具有空间感

几何曲线

几何曲线在页面版式中能够令页面中的元素呈现均衡、扩展和规则感，在 PPT 页面设计中，曲线的使用给人以流动的视觉感受，页面效果如图 3-35 所示。

图3-35

该页面通过几何曲线组合成一个不规则的六边形，使页面元素呈现流动、动态的视觉效果

自由曲线

自由曲线能够使页面元素呈现随意、动感、自然和不受约束的感觉，线的交叉组合有稳定页面的效果，可以构成若隐若现的面，同时它所产生的秩序感只想让人去遵循。这是一种线构成的空间，比起平行排列的线，相对稳定和封闭。自由曲线是点向任意方向运动产生发散的线，页面效果如图 3-36 所示。

> 提示
>
> 曲线的种类很多，可以形成圆、半圆、弧线、波形线和螺旋线等。曲线在形象设计中应用得很多，它具有温和、女性化、优美、温暖和富有立体感等特性。曲线的恰当应用能增加形象设计的动感；反之，则会显得页面杂乱无章，毫无美感可言。

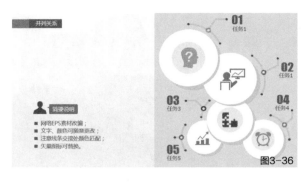

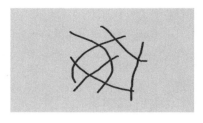

该页面将曲线的不同组合形成的指引线随意摆放，与圆形互相配合，动感、自然而不失整洁

3.4.3 直线的类型

在 PPT 设计中直线有粗细之分，不同类型的直线给人的心理感受也不尽相同。线的类型分为两种，分别是粗线和细线，下面简单介绍不同类型的线给人带来怎样的视觉感受。

粗线 ....●

在设计中粗的、长的、实的直线，给人一种向前突出、较为强烈的视觉感觉，在 PPT 设计中粗线能够使页面元素呈现力量、壮实和敦厚的效果，使人产生清晰且单纯的心理效应，同时具有男性性格的刚强、直接和固执感，页面效果如图 3-37 所示。

页面中的粗线使整个页面给人一种实在的感觉，整体感觉比较不和谐，略显生硬

细线 ....●

细线能够使页面元素呈现细致、锐利和精致的效果，给人以轻柔、优雅、婉转且舒适的心理感受，最易于表现动态，容易构成调和的韵律感和浓郁的装饰趣味，页面效果如图 3-38 所示。

当把粗线换成细线后，增强了文字的可读性，使页面元素呈现精致且细腻的感觉

提示

不同类型的线给观看者呈现不同的视觉及心理感受，在使用时要根据自己的页面需要选择不同类型的线。

3.4.4 线的空间力场

　　力场是一种虚拟出来的空间，是线不断地分割产生的，不同粗细的线，给人不同的力场的感觉，实线给人一种力场强的感觉，虚线则给人力场弱的感觉，页面效果如图 3-39 所示。

图3-39

3.4.5 线的分割空间

　　运用线对版面中的元素进行分割，常用的分割方式包括将多个相似或相同的形态进行空间等量分割、使用线条对空间进行不同比例的分割及运用直线对页面中的图文进行空间分割 3 种。

提示

在分割时，要注意不能够忽略各种元素之间的关联，需要根据页面中的内容将其划分出空间的主次关系、形式关系及呼应关系，这样才能够使版面拥有良好的视觉主次秩序。

● 将多个相似或相同的形态进行空间等量分割，使页面富有秩序感，如图 3-40 所示。

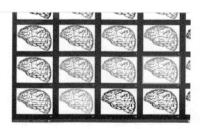

图3-40

● 使用线条对空间进行不同比例的分割，使页面达到条理清晰、整体统一的版面效果，页面效果如图 3-41 所示。在分割时需要注意不能忽视各个元素之间的关系。

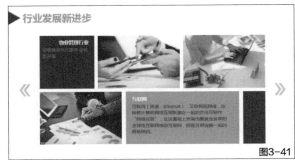

图3-41

● 运用直线对页面中的图文进行空间分割，得到条理清晰、整体统一的版面效果，并且能够达到明确区域划分和统一的页面效果，如图 3-42 所示。

图3-42

3.4.6 线的空间约束能力

线对版面具有较强的约束能力，有效地控制页边距和内容区隔。用细线将一个个内容与边距区分开来，就能够有效地帮助观看者区分内容，形成良好的视觉引导，使得整个版面规整并且具有弹性如图 3-43 所示。细线的约束力较弱，粗线约束力较强，但线框过粗就会略显呆板。

该页面由虚线将页面的标题清楚地划分，整体版面呈现灵活且俏皮的感觉

图3-43

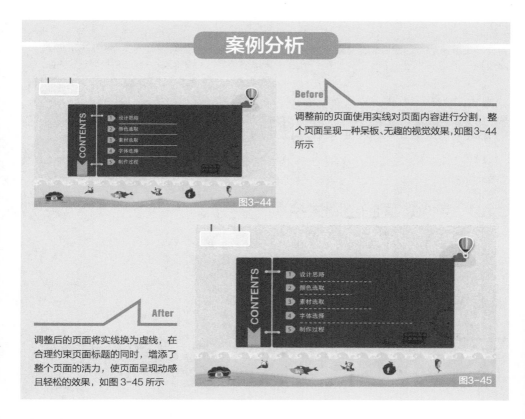

Before

调整前的页面使用实线对页面内容进行分割，整个页面呈现一种呆板、无趣的视觉效果，如图3-44所示

图3-44

After

调整后的页面将实线换为虚线，在合理约束页面标题的同时，增添了整个页面的活力，使页面呈现动感且轻松的效果，如图3-45所示

图3-45

3.5 PPT 页面中使用"面"

"面"作为 PPT 设计中一种重要的符号语言，被广泛地应用，由面组成的图像总是要比线和点组成的图形更具有视觉冲击力，因此它可作为重要信息的背景，以突出主题，如图 3-46 所示。

争相模仿

图3-46

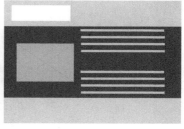

该页面以蓝色的色块为底色，形成面，将文字衬托得更加清晰明了

提示

面在版面中占据的面积最多，因而在视觉上要比点和线来得更加强烈和实在，具有鲜明的个性特征。面存在于每一个版式设计中，一个色块、一段文字、一片留白以及一张图片都可理解为面。

3.6 点、线、面展示版面

版面是平面的、二维的，我们可以利用点、线、面制作出有空间感和层次的效果，这是一种视觉效果，是点、线、面与版面元素组合制造出的一种近、中、远的立体空间效果。

3.6.1 点、线、面的空间关系

面是点和线的升华，如果说点是页面中的小精灵，线是跳跃的舞者，那么面就是象征力量的武士，面的作用是丰富空间层次，烘托和深化主题，页面效果如图 3-47 所示。

该页面以黄色的色块作为背景，形成面，由不同大小的色块及图片形成散落在页面中的点，由线将标题与文字分割，增强了文字的可读性

图3-47

提示

在版面中，面占空间面积最大，点是条约，线是分割，而面是烘托，点、线、面之间可以相互转化。

3.6.2 通过改变比例营造空间感

版式设计和绘画一样，考虑近、中、远对空间层次的关系，其主要依靠面来表现，在编排中可将主题元素或文字标题放大，次要元素缩小，建立良好的主次与强弱的空间关系，从而增强版面的节奏感和韵律感。

页面中的形状均使用相同的形态及尺寸，文字的字号也是相同的，整体层次感较弱，视觉冲击力也不强，给人平淡的感觉，如图 3-48 所示

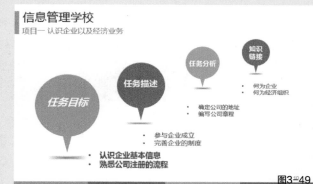

After

将页面中的形状调整为不同的尺寸，并修改其相应文字的字号，以层级的方式进行排列，加强了层次感和视觉冲击力，如图 3-49 所示

3.6.3 通过改变位置营造空间感

PPT 版式设计的目的在于便于阅读并产生形式美，前后叠压的关系可以营造出空间感。因此可通过改变形状的位置从而营造不同的空间感。

提示

将图像或文字前后叠压排列就会产生具有节奏感的空间层次关系，除此之外，位置的主次关系也可以产生空间层次感，一般将主要信息安排在视线最先到达的位置，其他信息配合安排在或上或下的次要位置。

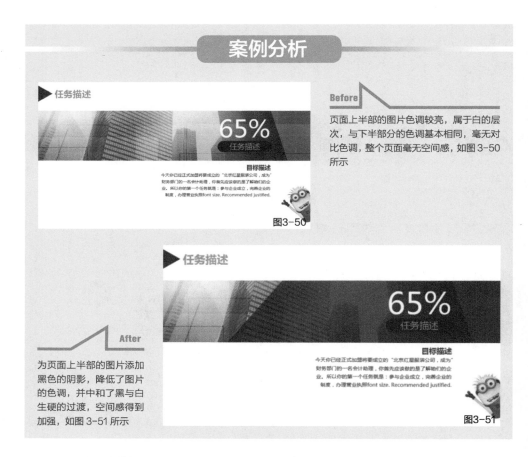

3.6.4 通过黑白灰空间层次营造空间感

黑白灰为对比色来源于素描，其表现形式单纯、强烈和醒目，能够保持最强烈的视觉传达效果。

提示

在版式设计中，图形与图形，图形与文字，文字与文字，编排元素与背景之间，无论表现为由彩色还是无彩色，我们在分析中，都在视觉上整体归纳为黑、白、灰 3 种空间层次关系。通过黑、白、灰的明度对比，使某些元素比其他元素更突出，各编排元素之间建立起先后顺序，使信息层次更加分明。

● 黑代表阴影

● 白代表高光

● 灰代表所有的中间色。

一个优秀的 PPT 设计文稿，色调应该非常明确，如对比强烈的黑调、对比柔和的白调或层次细腻的灰调，反之则会混乱且模糊不清，因此应当加强形与空间大小面积的对比和文字的整体关系，以集中近似的面积来达到色调的统一，如图 3-52 所示。

图3-52

提示

版面的色调明暗关系决定了黑、白、灰、形成的远中、近、关系，通过调整版面中的黑、白、灰色调关系，可以营造出版面的空间感。

3.7 版面设计技巧

在前面的章节中已经对版面中点、线、面的构成要素进行了详细的讲解，下面介绍如何将它们的关系交织在一幅幅画面中，并将其赋予一个全新的脉络展现出来。

提示

通过不同方式的版面组合，将页面元素重新进行设计，使自己的 PPT 以崭新的面貌呈现在人们眼前。

3.7.1 通过组合简化版面

点、线、面的构成关系即是版式设计，3 个要素不同的组合方式，可以产生不同的版面设计效果，重要的是掌握信息内容或需求的重点是什么，将它们用平面构成的方法清晰地表现出来，如图 3-53 所示。

图3-53

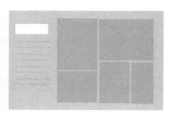

该页面将相同的元素紧密且整齐地排列在一起，给人一种秩序美。一个画面中的元素种类越少，传达的信息越准确

第3章 版式的运用

3.7.2 利用 4 个边元素的延续扩大版面

在 PPT 设计中，用好页面的四边，对于版面的设计是很重要的，如果页面的任意一个元素接近边缘，虚空间就会被放大，如图 3-54 所示。

该页面通过右侧的泼墨式的图片延伸版面的右上方，打破了四方的边框，扩大了视觉效果，使页面显得更加大气

图3-54

> **提示**
>
> 在以上的页面版式中，深蓝色的表示元素，灰色表示文本，而剩下的蓝色区域即是留白，也可将它看作虚空间。

3.7.3 在秩序中融入变异元素

同质中的不同即是变异元素，当同质元素充满页面时，难免乏味并且很难获得视觉冲击力，快速打破格局的方法就是将某个元素进行变异处理，页面效果如图 3-55 所示。

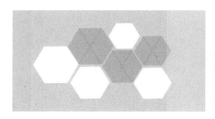

该页面有两种元素，在文本元素中插入几个图片，里面的图片就是变异元素，这种视觉上的对比使一堆图形变得活泼起来，并且容易被记住

图3-55

3.7.4 对比越强烈视觉冲击力越强

对比是版面设计中常用的手法，无论字与字、形与形的对比，还是多种关系交融在一起，它们都无处不在。对比有主次、大小、长短、疏密、动静、黑白、刚柔和虚实等方式，彼此渗透且相互并存，图 3-56 所示为一个对比较为强烈的 PPT 页面。

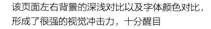

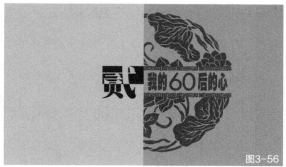

该页面左右背景的深浅对比以及字体颜色对比，形成了很强的视觉冲击力，十分醒目

图3-56

3.7.5 敢于留白也要慎于留白

"留白"指的是版面上未放置任何图文的空间，它是"虚"的特殊表现手法，其形式、大小和比例决定着版面的质量。留白讲究空白之美，是为了更好地衬托主题，集中视线和形成版面的空间层次感，如图 3-57 所示。

图3-57

该页面通过大量的留白更好地衬托主题，集中视线，从而形成了版面的空间层次

提示

留白好比音乐中的休止符，有种此时无声胜有声的效果，它不仅能引发观众的联想，还能达到戏剧般的效果。敢于运用留白，能达到更好地传达信息的目的，并从精神层面引起观看者的共鸣，这是它独特的魅力所在。

3.8 专家支招

在前面的章节中主要向读者介绍了点、线、面的使用方法，下面解答两个在 PPT 版面设计中常见的问题。

3.8.1 如何在版面中强调重点

当点、线和面共同存在于一个版面中时，大面积的线组合成了面，交错的视觉元素会造成视觉疲劳，大面积的文字会使重点不够突出，这时可通过在文字下增加底色差别较大的色块来突出重点的文字。

3.8.2 如何在版面中很好地表现点和线

在版面设计中，当大块的面出现后，就会使画面变得沉闷，页面中其他的元素将不能很好地体现出来，这时用户可将面统一在一个色调中，使用差别较大的颜色来展示点和线。

3.9 本章小结

本章主要对 PPT 中常见的版式类型、版面设计技巧及版面中的点、线、面的修饰进行了详细的介绍，通过本章的学习，希望读者能够在设计 PPT 版面时根据页面的需要合理地使用点、线、面对页面进行装饰，不要一成不变，要敢于创新，设计出别具一格的 PPT 页面。

第4章

图片的使用

在PPT设计中视觉高于一切，有时一张好图胜过千言万语，没有什么比一张美图更能直接刺激观看者的神经了。图片有很强的修饰作用，它承担着调整页面图版率的重要职责，可以使枯燥的页面瞬间绽放光彩。多尝试为页面添加精美的图片，会让PPT更精致、更耐看及更惹人喜爱。

4.1 选对好图

图片不是万能钥匙，它不但表达的意义较为单一，而且信息密度较低，因此在 PPT 的制作中一定要慎重地进行选择。

4.1.1 图片质量影响设计效果

一整套幻灯片无图，全是文字，美观性不好，图片是幻灯片中使用频率非常高的一项元素，

只有高像素、高清晰度的图片，才能够使幻灯片整体视觉效果明显更好，只有这样的 PPT 才能更加吸引观看者的目光，如图 4-1 所示。

图4-1

> **提示**
>
> PPT 中高质量的图像对观看者的影响非常大，质量粗糙、色彩灰暗、成像模糊、掉色且低分辨率的图像会让观看者觉得是在敷衍他们，只有尺寸合适、优美的图像才能够抓住人心。

图片的大小

幻灯片中的图片一般有 3 种用途，分别是作为背景使用、作为配图使用和作为展示使用。用分辨率越高的图片越好，但文件的容量也会越大，所以要在分辨率和文件容量中取得平衡。

● PPT 的背景图片，其宽和高应和计算机屏幕的宽和高比例一致，以现在计算机一般最低的屏幕分辨率 800 像素 X600 像素为例，图片的宽和高应该与此成比例，如 960 像素 X720 像素、1200 像素 X900 像素都可以，如果宽和高的比例不是 4 ∶ 3，则可能会失真。从分辨率来说，150ppi 就可以了。

> **提示**
>
> 分辨率是指屏幕图像的精密度，是指显示器所能显示的像素有多少。由于屏幕上的点、线和面都是由像素组成的，显示器可显示的像素越多，画面就越精细，同样的屏幕区域内能显示的信息也越多，因此分辨率是个非常重要的性能指标之一。

● PPT 的小图片，可以任意地缩放和裁剪，但至少要保证图片有 70ppi。

> **提示**
>
> 图像由一个个点组成，这个点叫作像素，像素仅仅是指分辨率的尺寸单位，而不是画质。

图片的获取 ·· •

在 PPT 的设计中，无论图片作为哪种用途，保证其清晰是首要条件，用户可以通过以下方式获取高质量的图片。

- 通过各大优秀的素材网站进行购买。
- 自己使用相机拍摄素材。
- 通过互联网寻找一些免费的图片素材。

4.1.2 图片的颜色影响设计风格

图片作为 PPT 组成中不可缺少的重要元素之一，它的颜色能够影响最终的设计效果，其中大致分为两种，即同色系搭配和对比色搭配。

图片的同色系搭配 ·· •

图片的同色系搭配是指图片与页面的颜色色系一致或是视觉效果一致，这样才能够使设计的 PPT 页面整体显得比较协调，页面效果如图 4-2 所示。

该页面使用粉色为主色，与浅粉色暖色调的图片进行搭配，达到整个页面相一致的视觉效果

（主色）	（图片色）
RGB(246 257 143)	**RGB(240 180 135)**

图4-2

图片的对比色搭配 ·· •

图片的对比色搭配是指图片与页面的颜色色相、明度或饱和度具有反差，形成鲜明的对比，这样的搭配方式能够使 PPT 的设计给人一种强烈的视觉冲击感，加深人们对内容的印象，如图 4-3 所示。

该页面使用黄色为主色，使用蓝色的图片进行搭配，通过蓝色和黄色的强烈对比，增强页面的视觉冲击力

（主色）	（图片色）
RGB(252 217 55)	**RGB(1 14 64)**

图4-3

案例分析

Before

调整前页面中图片色彩较为丰富，降低了页面文字的可读性，并且图片的色彩与整个页面不符，如图4-4 所示

图4-4

After

调整后的页面将图片进行黑白处理，突出页面文字的表达，并且使整个页面呈现较为古典且怀旧的风格，如图 4-5 所示

图4-5

4.1.3 PPT 中经常用到的图片格式

图片是PPT可视化表现的核心元素，在PPT中经常使用的图片分为两种：位图和矢量图。两种类型各有优点和缺点，应用的领域也各有不同。通常我们会使用 Adobe Photoshop 对位图进行编辑和优化，而矢量图可以通过使用 Illustrator 和 CorelDRAW 等优秀的软件进行绘制和编辑。

位图 ···•

位图也称为点阵图，它是由许许多多的点组成的，这些点被称为像素。位图图像可以表现丰富的色彩变化并产生逼真的效果，很容易在不同软件之间交换使用，但它在保存图像时需要记录每一个像素的色彩信息，所以占用的存储空间较大，在进行旋转或缩放时会产生锯齿，如图 4-6 所示。

图4-6

在 PPT 中常用的位图格式包括 JPG、BMP、PNG 和 GIF 等格式，下面详细介绍各种图片格式。

● JPG：JPG 格式是位图格式的一种，是我们最常用的一种图片格式，网络图片基本都是此格式，如图 4-7 所示。其特点是图片资源丰富且压缩率极高，节省存储空间。但是 JPG 图片精度固定，有着在放大时图片清晰度会降低的缺点。

图4-7

提示

PPT 中的背景和素材图片一般都是 JPG 格式的，在选用时注意以下几个方面。
● 要有足够的精度，杜绝马赛克或模糊的现象。
● 要有一定的光感。明亮的光线加上清澈的空气给人以"通透"的感觉。
● 要有相当的创意。创意是美的基础上的更高层次，是让人过目不忘的根本。

● BMP：BMP 格式是 Windows 系统下的标准位图格式，未经压缩，图像文件比较大，但要比 JPEG 格式清晰一些。BMP 格式的图片一般作为 PPT 的背景使用，如图 4-8 所示。

 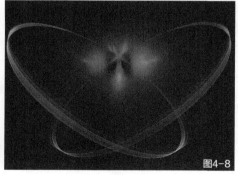

图4-8

● PNG：PNG 格式最大的优点是支持图像透明，使用这种格式的图片能够很自然地与 PPT 融合为一体，不需要做更多的处理，因此 PNG 格式也是 PPT 中最常使用的图片格式之一。很多精致的图标都是 PNG 格式的，如图 4-9 所示。

提示

PNG 图标通常分为两种，即透底和不透底，透底是指图片的背景透明，不透底是指图片背景为其他颜色。在一般情况下，PNG 的图片都是透底的，在下面的内容中将详细讲解如何对图片进行透底处理。

图4-9

● GIF：GIF 格式的图片可以做成小动画，并且支持透明背景图像，但是其色域不太广，只支持 256 种颜色，用在 PPT 里常常让人感觉很简陋。因此没有特殊需要，不建议使用这种格式。

提示

GIF 图片虽然能够像 JPG 图片一样可以轻松插到 PPT 中，也可以进行除裁剪以外的各项操作，但 GIF 动画的特点决定了其在 PPT 应用中可能存在如下一些问题，稍有不慎就会带来负面效果。

● 过于炫目，容易喧宾夺主。

● 素材较少，好素材更少。

● 画面特别，与背景融合较困难。

矢量图

矢量图通过数学的向量方式来进行计算，使用这种方式记录的文件所占用的存储空间很小。由于它与分辨率无关，因此在进行旋转、缩放等操作时，可以保持对象光滑无锯齿，如图 4-10 所示。在 PPT 中常用的矢量图格式有 EPS。

 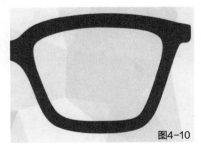

图4-10

提示

矢量图的缺点是图像色彩变化较少,颜色过渡不自然,绘制出的图像也不是很逼真。但其体积小、可任意缩放的特点使其广泛应用在动画制作和广告设计中。

EPS 是为了在打印机上输出图像而开发的文件格式，几乎所有的图形、图表和页面排版程

序都支持该模式。它的最大
优点是可以在 PPT 设计中
以低分辨率预览，而在播放
时以高分辨率输出，做到工
作效率与图像输出质量两不
误。在 PPT 设计中 EPS 格
式图片一般用于商务图标及
文档图标，如图 4-11 所示。

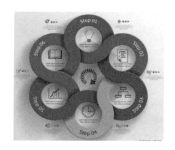 

图4-11

4.2 图片可以出现的位置

在 PPT 中插入图片可使得页面瞬间鲜活起来，摆脱满篇文字的枯燥与乏味。那么图片
能够以什么样的方式合理地出现在你的 PPT 设计中呢？下面简单介绍在 PPT 中图片的使用
方法。

4.2.1 需要大幅图片做背景

在制作 PPT 的过程中，经常会采用质感佳、意境好的大图作为背景。这种大幅图片为背
景的设计方法能够营造出特殊、出众的 PPT 氛围，但在制作时需要注意根据 PPT 的主题选
取恰当的大图，如图 4-12 所示。

该页面使用家具图片作为底图，搭配
白色的文字，与主题内容相呼，清楚
地表明该 PPT 的核心内容

图4-12

提示

图片虽然比文字易懂，但是若只有图片，表达效果会很差，而只有文字，难免让人感到枯燥。在
设计过程中，无论图片有多大，文字依然代表的是"主题"，图片起解释作用，在使用大图片作为
背景时，要注意防止喧宾夺主、以小博大。

4.2.2 需要局部图片做点缀

在制作 PPT 时，一般都需要使用小图对其内容进行点缀，将小图片插入文本中，显得简洁而精致，有呼应页面的作用，但同时也给人拘谨、静止和趣味性弱的感觉，如图 4-13 所示。

该页面通过小图片的点缀，使得页面元素更加丰富，加深观看者对页面内容的理解与记忆

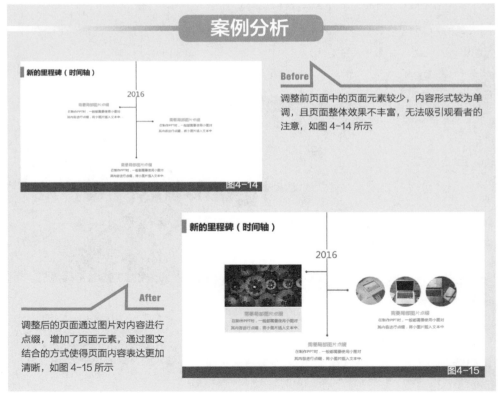

4.2.3 展示用的图片

在 PPT 的设计中，人们一般喜欢看图说文，通过对相关主题的图片的展示，能够更加形象地表达其内容的含义，使人瞬间了解 PPT 想要表达的内容，如图 4-16 所示。

该页面通过闹钟充分体现了主题内容，使该页面所表达的含义一目了然

图4-16

在 PPT 的设计中，无论图片作为哪种用途，都需要注意的是不要为了插图而插图，要选择能够合理表达页面主题的适当的图片，要在丰富页面元素的情况下更加清楚表达主题内容。

4.3　图片影响页面效果

图片在页面中的视觉表现上是非常重要的元素，它可以通过多种组合的方式运用到 PPT 的设计中，图片的排列与布局、图片的占比及图片的层次都关系到页面的整体视觉效果。下面分别从这 3 个方面详细地向读者进行介绍。

4.3.1 图片排列影响页面效果

在 PPT 设计中使用多张图片，通过对观看者视觉产生冲击力，牢牢抓住观看者的眼球，其中图片的不同排列方式会影响最终的页面效果。

图片的对齐方式

在 PPT 设计中，合理的图片布局能够使 PPT 的整个页面看起来内容丰富且不失整洁，常见的图片的对齐方式有左对齐、右对齐、上对齐和下对齐 4 种，其中最常用的就是左对齐，这种对齐方式符合人们从左至右的视觉流程，阅读起来也十分方便。不管是多么复杂的内容，只要图片对齐，就会显得井然有序，富有美感。

提示

其 PPT 的图片对齐方式也不局限于以上几种，要在设计中根据实际情况合理地对图片进行排列，以页面整洁和表达清晰为目的对图片进行排列。

案例分析

祖国的大好河山

来一场说走就走的旅行

图4-17

Before

调整前页面中的图片存在间隙，这样使图片受到了版面较多的约束，页面看起来比较凌乱且没有美感，如图 4-17 所示

After

通过将图片的边界与幻灯片边界重合的方式消除了图片之间的间隙，这样整个页面的排版大气了很多，如图 4-18 所示

祖国的大好河山

来一场说走就走的旅行

图4-18

图片的方向排列 ···

　　图片内容中、物体的造型、倾斜方向以及人物的动作、面部朝向和视线等，都能够使观看者感受到图片的方向性，通过对这些因素进行合理的控制，可以引导观看者视线的流动方向。在 PPT 页面制作的过程中，合理地对图片进行方向排列，使得整个页面呈现一种动感。

　　● 人物视线。以人物照片为例，人物的眼睛总是能够特别吸引观看者的目光，如图 4-19 所示。观看者的视线会随着人物凝视的方向移动，因此，在这里安排重要的文字，是能够引导观看者目光移动的常用方法。

观看者的视线首先会被大幅的写真所吸引，图片中人物的目光朝向页面中左方的位置，整体动态也偏向左侧，将观看者的视线迅速引导至左页的文字上

心之所向

随心所欲，自由向往

旅游

图4-19

提示

在 PPT 设计中对多张图片进行排列时，需要注意的是，不要随心所欲地排列图片，要根据页面的大小及图片的数量，在保证页面美观性的同时对图片进行合理的排列，否则就失去了设计页面的意义。

● 使用多张图片按照一定的规律排列成一定的走向，也可形成明确的方向性，引导观看者进行阅读，如图 4-20 所示。

不同尺寸的图片按照一定的走向从左到右进行排列，形成了动感的效果，并将观看者的视线成功地引导至版面右方的文字上

图4-20

4.3.2 图片占比影响页面效果

图片的面积会直接影响到版面的传达，一般情况下，图片的面积一般分为两种情况，一是图片占整个版面的比例影响页面效果，也可以说是图版率；另一种是页面中图片的大小比例影响页面效果。

提示

图版率就是页面中图片面积的所占比。图版率对于页面的整体效果和对其内容的易读性会产生巨大的影响。

页面的图版率

同样的设计风格下，图版率高的页面会给人以热闹而活跃的感觉，反之图版率低的页面则会传达出沉稳、安静的效果。提高图版率可以起到活跃版面和优化版面视觉度的作用。

提示

在设计 PPT 页面时，也不能纯粹为了吸引人眼球而使用大量的图片，应根据其具体的版面需要来决定图片的数量。

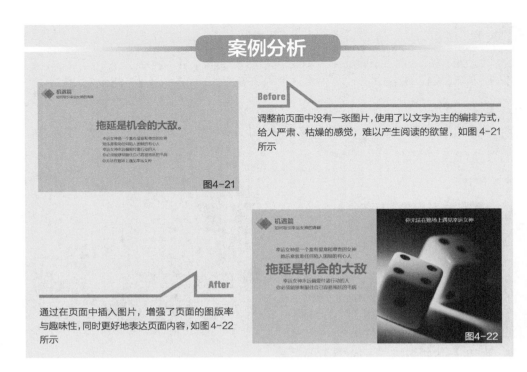

图4-21

Before

调整前页面中没有一张图片，使用了以文字为主的编排方式，给人严肃、枯燥的感觉，难以产生阅读的欲望，如图4-21所示

After

通过在页面中插入图片，增强了页面的图版率与趣味性，同时更好地表达页面内容，如图4-22所示

图4-22

图片大小比例 ·······························

　　在设计 PPT 页面时，通常将重要的信息进行突出，在一般情况下可以将重要的图片放大或者进行艺术化处理，使其突出显示，这样才能够引起观看者的注意，将其他次要的图片缩小，形成主次分明的格局。

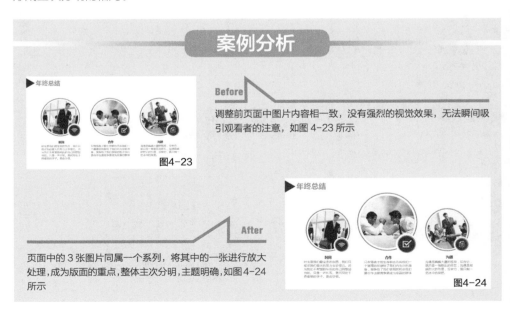

图4-23

Before

调整前页面中图片内容相一致，没有强烈的视觉效果，无法瞬间吸引观看者的注意，如图 4-23 所示

After

页面中的 3 张图片同属一个系列，将其中的一张进行放大处理，成为版面的重点，整体主次分明，主题明确，如图4-24所示

图4-24

4.3.3 图片的层次影响页面效果

具有层次的图片可以使版面产生一种跃动的视觉感受，但是由于每张图片拍摄对象的动作强度不同，从而会产生的不同程度的层次感，这时可通过将图片进行不同方式的排列来丰富页面的层次感。

图片的错落排列 ···●

在设计 PPT 时，可将页面中的图片通过大小对比和位置的错落排列，从而营造页面层次感。

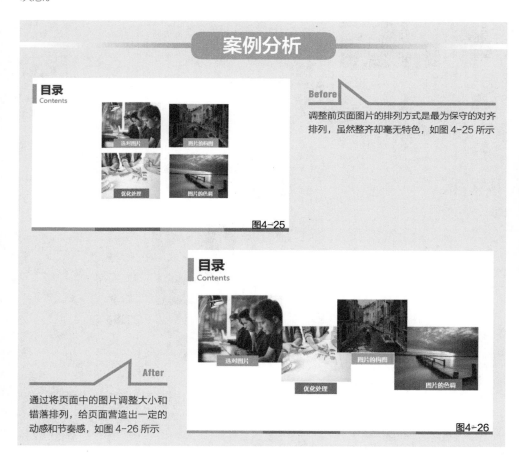

Before
调整前页面图片的排列方式是最为保守的对齐排列，虽然整齐却毫无特色，如图 4-25 所示

图4-25

After
通过将页面中的图片调整大小和错落排列，给页面营造出一定的动感和节奏感，如图 4-26 所示

图4-26

图片的倾斜排列 ···●

图片的倾斜排列是指将图片交叠在一起，再将方向倾斜，形成一种图片堆积的效果，从而增强页面的动感和设计感。

在设计 PPT 的过程中，除了使用将图片错落排列的方式来实现页面层次感的效果外，还可将图片进行倾斜排列来达到最终的页面效果。

案例分析

Before

调整前页面中的图片本身动感不强，给人平静的感觉，这样的排列使得页面平淡无奇，如图4-27所示

图4-27

After

通过对页面中的图片进行倾斜放置的处理，增强图片的动感，强化了图片想要表达的浪漫氛围，如图4-28所示

图4-28

图片的路径排列

除了以上处理图片的两种方法外，还可将图片按照一定的路径排列形成新的构图方式来打破平衡，从而增强页面的动感。

图片的路径排列是指将图片根据一定形状的路径进行排列，从而使得图片以最终的路径展现出来。

图4-29

Before

调整前页面中使用的图片排列方法平淡，整个页面整齐，但却没有较强的视觉冲击力，如图4-29所示

After

通过将页面中的图片按照螺旋形的路径进行排列，形成了强烈的动感和层次感，如图4-30所示

图4-30

4.3.4 图片的外形影响页面效果

图片的外形可以是几何形，几何形可以是任意形状，通过改变图片的外形特征，将图片以更丰富的形状展现在 PPT 页面中。其中圆形图与六边形图应用最多。

圆形图 ·····························

在 PPT 设计中，圆形图片在保留了图片外轮廓的同时，削弱了方形四角的锐利感，使图片呈现出更加柔和及圆润的形象。

● 在"插入"选项卡中选择"形状"选项，选择"椭圆"选项，按住 Shift 键拖曳出一个圆形，并盖住需要裁剪的部分，如图 4-31 所示。选中圆形后单击"格式"选项卡中"形状填充"选项，然后单击"图片"命令，如图 4-32 所示。

图4-31

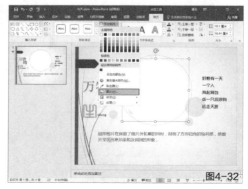

图4-32

● 在弹出的"插入图片"对话框中选择相应的图片，如图 4-33 所示。单击"插入"按钮，此时图片以圆形出现，改变了原来的矩形形状，获得了满意的裁剪图片效果，如图 4-34 所示。

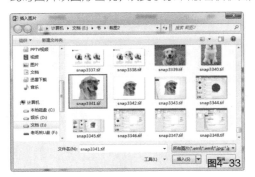

提示

剪裁后的图片直接使用会显得不太精致，因此常常需要为其添加边框、使用其他效果或者使用图片格式预设对图片的边框进行美化。

六边形图

在 PPT 设计中，除了将图片设置为圆形外，还可将其设置为任意其他形状，其中六边形应用较多，它能够将图片合理地按照一定的规律排列起来，在丰富页面元素的同时又不失页面的整洁性，如图 4-35 所示。

该页面中的图片都使用了六边形效果，为比较简单的版式增添了活跃的感觉

提示

六边形图片的处理方式与圆形图片相同，也可通过"格式"选项卡中的裁剪命令对图片的形状进行裁剪，从而得到最终的图片形状。

4.4 图片的优化处理

在 PPT 的设计过程中会用到很多图片，那么如何将图片美观地放置在页面上是我们比较关心的问题。为了让图片与版面更好地融合，我们经常需要对图片进行处理，常见的处理方法包括改变图片的构图、改变图片的色调、改变图片的格式及改变图片的饱和度 4 种。

4.4.1 改变图片的构图

当需要在一页 PPT 中使用多张图片时，合理安排图片的重要性是不言而喻的。如果能将图片从视觉上拼接起来，会使整个页面看起来更加协调。

天空的图片在高楼图片的下方，给人的感觉是很别扭的，如图 4-36 所示。而高楼图片在天空图片的下方，不仅符合常识，还能将图片拼接起来，使之成为一个整体，版面效果协调，如图 4-37 所示。

图4-36

图4-37

4.4.2 改变图片的色调

在 PPT 的设计中，经常需要使用一些图片，但有时难免会有使用的图片与 PPT 的整体色调不符合的情况，这时用户可通过 Photoshop 中调整色调的基本命令，如"亮度 / 对比度""自然饱和度""色相 / 饱和度""色彩平衡"和"照片滤镜"等，对图片进行处理，从而达到最佳的页面视觉效果。

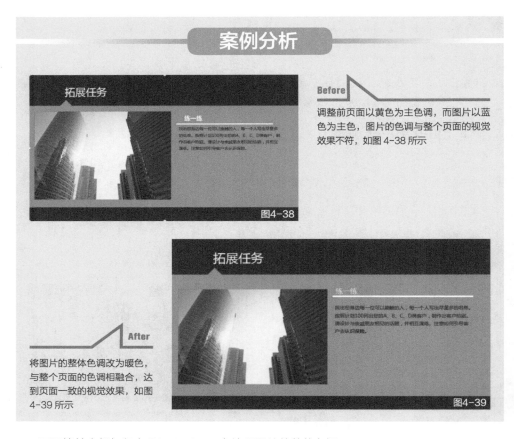

下面简单介绍如何在 Photoshop 中处理图片的整体色调。

● 打开 Photoshop，打开需要更改色调的图片，如图 4-40 所示。执行《图像 > 调整 > 照片滤镜》命令，在弹出的"照片滤镜"对话框中设置参数，如图 4-41 所示。

"照片滤镜"命令可以模拟通过彩色校正滤镜拍摄照片的效果，该命令允许用户选择预设的颜色或者自定义的颜色向图像应用色相调整。"照片滤镜"对话框中各项参数的含义如下。

● 滤镜：在下拉列表中可以选择要使用的滤镜，Photoshop 可以模拟在相机镜头前面加彩色滤镜，以调整通过镜头传输的光的色彩平衡和色温。

● 颜色：单击该选项右侧的颜色块，可以在弹出的"拾色器"中设置自定义的滤镜颜色。

● 浓度：可以调整应用到图像中的颜色数量。该值越大，颜色的调整幅度越大，如图 4-42 所示。

● 保留明度：勾选该项时，不会因为添加滤镜而使图像变暗。

（浓度为50）

（浓度为100）

图4-42

在此处为图片添加照片滤镜时，其值不是固定的，根据具体的图片以及页面效果进行设置，从而得到适合的页面效果。

● 单击"确定"按钮，最终图片效果如图 4-43 所示。打开 PowerPoint，选中需要更改的图片，单击鼠标右键，在弹出的快捷菜单中选择"更改图片"命令，如图 4-44 所示。

图4-43

图4-44

● 在弹出的"插入图片"对话框中选择相应的图片，如图 4-45 所示。单击"插入"按钮，其页面的最终效果如图 4-46 所示。

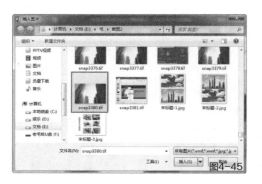

图4-45

图4-46

4.4.3 改变图片的格式

在上面的内容中已经对 PPT 中常见的图片格式进行了介绍，为了将图片更好地融合在 PPT 设计的整体版面中，有时需要对图片格式进行修改。下面详细介绍如何在 Photoshop 中更改图片的格式。

● 打开 Photoshop，打开需要更改格式的图片，如图 4-47 所示。单击工具箱中的"魔棒工具"，选中背景，效果如图 4-48 所示。

图4-47

图4-48

● 按快捷键 Delete 将背景删除，如图 4-49 所示。执行"文件 > 导出 > 快速导出为 PNG"命令，将图片导出为 PNG 格式，如图 4-50 所示。

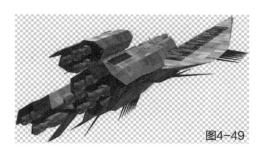

图4-49

图4-50

● 打开 PowerPoint，在"插入"选项卡中选择"图片"选项，如图 4-51 所示。在弹出的"插入图片"对话框中选择刚刚存储的 PNG 图片，如图 4-52 所示。

图4-51

图4-52

● 单击"插入"按钮，其最终呈现的页面效果如图 4-53 所示。

图4-53

该页面将图片以 PNG 的格式插入页面中，合理与背景图片融为一体，在丰富页面元素的同时不失页面的协调性

4.4.4 改变图片的饱和度

在 PPT 的设计中，有时需要对图片的饱和度进行处理，通过对图片饱和度的处理，能够使图片的色彩更加鲜艳。图片的颜色是一个强有力的、刺激性极强的设计元素，它可以给人视觉上的震撼，从而使整个 PPT 页面更加漂亮，主题更加突出。

案例分析

Before

调整前页面中的图片色彩暗淡，毫无生机，给人一种昏沉、暗淡的感觉，如图 4-54 所示

图4-54

After

将页面中的图片增强色相、饱和度后，图片的色调明显变亮，使得整个页面的色彩鲜艳了很多，如图 4-55 所示

图4-55

● 打开 Photoshop，打开需要更改色调的图片，如图 4-56 所示。创建图 4-57 所示的选区。

图4-56

图4-57

提示

在创建选区时，可将 Photoshop 中的魔棒工具和快速选择工具一起使用，来完成选区的创建。

● 使用快捷键 Ctrl+shift+I 反向选择选区，如图 4-58 所示，并使用快捷键 Ctrl+J 将其复制到新图层中。选择背景图层，执行"图像 > 调整 > 色相饱和度"命令，在属性对话框中设置相应参数，如图 4-59 所示。

图4-58

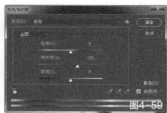

图4-59

提示

在 Photoshop 中也可通过单击鼠标右键在弹出的快捷菜单中执行"选择反向"命令，完成反向选择选区的操作。

提示

"色相/饱和度"命令可以调整图像中特定颜色范围的色相、饱和度和亮度，或者同时调整图像中的所有颜色。该命令尤其适用于微调 CMYK 图像中的颜色，以便它们处在输出设备色域内。"色相/饱和度"对话框中各项参数的含义如下。

● 预设："预设"菜单中的选项全部都是系统默认的"色相/饱和度"预设选项，这些选项都会给图像带来不同的效果，在制作的过程中读者可以根据需要直接选择。

● 编辑范围："编辑范围"下拉列表包括"全图""红色""黄色""绿色""青色""蓝色"和"洋红"几个选项，选择"全图"选项，可调整图像中所有的颜色；选择其他选项，则只可以对图像中对应的颜色进行调整。

● 色相：拖动该滑块可以改变图像的色相。

● 饱和度：向右侧拖动滑块可以增加饱和度，向左侧拖动滑块则减少饱和度。

● 明度：向右侧拖动滑块可以增加亮度，向左侧拖动滑块则降低亮度。

● 图像调整工具：按下该按钮后，在图像中单击设置取样点。向左拖动鼠标可以减少包含单击点像素颜色范围的饱和度；向右拖动鼠标可以增加包含单击点像素颜色范围的饱和度。

● 颜色条：对话框底部有两个颜色条，上面的颜色条代表调整前的颜色，下面的颜色条代表调整后的颜色。

● 着色：勾选该选项，可以将图像转换为只有一种颜色的单色图像。

第 **4** 章　图片的使用

● 其最终图像效果如图 4-60 所示。打开 PowerPoint，在"插入"选项卡中选择"图片"选项，如图 4-61 所示。

● 弹出"插入图片"对话框，选择刚刚修改完的图片，如图 4-62 所示。单击"确定"按钮，PPT 效果如图 4-63 所示。

图4-60

图4-61

图4-62

图4-63

专家支招

通过本章的学习，相信读者已经对如何在 PPT 中使用图片有了一定的了解，在 PPT 设计中除了可以将图像裁剪为各种形状外，还可通过裁剪去掉图中不需要的部分，改变图片的长宽比，并调整图片的效果，使得图片以更加美观的形象出现在 PPT 页面中。下面解答对版面中的图片进行裁剪的方法以及作用。

4.5.1 裁剪的作用

截取图片中的某一部分是裁剪的作用之一，它能够减少图片中的信息量，保留下来的部分形成局部放大的效果，能够非常有效地将观看者的视线集中到想要突出表现的内容中。

> **提示**
>
> 在裁剪图片的过程需要注意的是要确定图片的分辨率较大（一般需要达到 300ppi 以上），能够保证在播放 PPT 时图像的清晰度。

案例分析

图4-64

Before

调整前的页面直接使用未裁剪的图片进行编排，其内容较为丰富，观看者视线范围较为广阔，如图 4-64 所示

图4-65

After

通过对原图进行裁剪，去除多余的信息，得到海鸥的特写部分，但是图片的尺寸却缩小了，可通过对裁剪后图片进行放大处理，在保持原来图片尺寸的同时展示了图片的局部，如图 4-65 所示

裁剪图片，除了将所需的部分图像进行提取之外，还有另外一个作用，就是将图片中多余的部分删除。例如，在拍摄照片时，经常会有行人经过，从而影响照片的效果，这时就可通过裁剪将不需要的部分删除，达到完善照片的效果。但是在此需要注意的是，在裁剪图像之前，需要分析哪些信息是可以裁剪的，哪些是必须要保留的。尽量避免因裁剪过渡而删除需要保留的信息或是因为裁剪不干净而残留不要的信息，从而影响整张照片的质量。

4.5.2 裁剪的方法

在介绍裁剪的作用后，下面介绍如何在 PowerPoint 中对图片进行局部裁剪。

● 打开 PowerPoint，如图 4-66 所示。选中需要裁剪的图片，在"格式"选项卡中选择"裁剪"选项，如图 4-67 所示。

图4-66

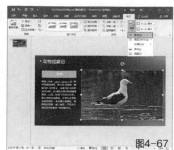
图4-67

● 通过拖动裁剪的边框将图片裁剪为想要的效果，如图 4-68 所示。完成裁剪后按住 Shift 键将图片进行放大处理，其最终效果如图 4-69 所示。

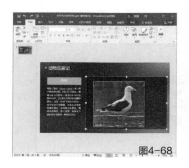
图4-68

图4-69

4.6 本章小结

本章主要介绍了 PPT 设计中如何对图片进行选择、图片出现的位置、图片如何影响 PPT 页面效果以及如何对图片进行优化处理等内容，通过本章的学习，希望读者能够在设计 PPT 时合理地运用图片，使图片起到为 PPT 设计更加直接传递信息的作用，并且使观看者在浏览过程中获得美的感受。

第4章 图片的使用

第 **5** 章

图形和图示

在PPT设计中优秀的图形和图示能够帮助观看者理解文字中蕴含的
逻辑关系，并能够使PPT页面更加充满活力，从而更加形象地将主
题内容表达出来。

5.1 常用的图形应用

在 PPT 设计过程中，经常会使用一些常见的图形，图形的熟练使用是制作 PPT 过程中最基本的要求之一。在 PPT 的设计中，无论是各种图表还是各种示意图，都可以拓宽 PPT 的素材或是增加 PPT 的专业气质。下面对常用的线条、圆形、线框、色块及异形图形的使用进行详细的介绍。

5.1.1 线条的使用

在 PPT 设计中线条是必不可少的常用元素之一，线条在版面中不仅起到区分作用，而且起着强化内容的作用，除此之外，还具有引导和指示作用，常用线条来引导观看者的视线。但是过多的线条反而会造成版面零乱，同一版面内的线条不应该有太多的样式。

> **提示**
>
> 线条在版面中起着分割的重要作用，是用来区分版面的一种最常见、最常用的手段。在前面的章节中已经对相关内容进行了介绍。

曲线的使用

曲线，形态繁多，变化丰富，给人轻松、愉快、委婉、优雅和柔美的感觉。在 PPT 设计中，使用曲线能够将版面的区域明显地区别开来，并使页面形成一定的韵律感，效果如图 5-1 所示。

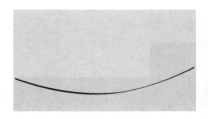

下面的曲线把整个页面分割成了两部分，丰富了页面的色彩，使得版面充满动感，富有韵律变化

图5-1

直线的使用

直线在最简洁的形式中表现了无限的张力和方向，它具有明确、简洁、爽朗和锐利的特点。直线可简单分为实线和虚线两种表现形式。

● 实线。在 PPT 设计中，以实线分割给人以平静和安定的感觉。在制作过程中通常以线条的粗细体现不同的内容，通过调整同一段线条的粗细，还能够起到调节视觉重心的作用，如图 5-2 所示。

● 虚线。虚线是直线的另一种表现形式。在 PPT 设计中，使用实线分割页面，实线会与上面的标题栏的横线有一定的冲突，虚线则相对柔和，如图 5-3 所示。

页面中的直线将页面标题分割开来，使得页面主题清晰明了，阅读起来毫不费力

该页面中使用虚线将页面文本分割开来，增强页面文本的可读性

线条的强调作用

在设计制作 PPT 文档时，有时会需要对局部内容进行强调突出，以表达更加明确的主题内容。这种表现手法很多，线条就是其中的一种。

使用线条可以很好地突出主题内容。可通过使用线条的色彩变化和颜色冲突，从而达到突出标题的目的，页面效果如图 5-4 所示。

该页面中通过不同颜色的线条强调主题，在丰富页面色彩的同时突出重点内容，瞬间吸引观看者的视线

线条的引导作用

在 PPT 设计中,通常需要对页面的内容进行引导,突出页面中需要传达的要素,使观看者以合理的顺序,快捷的途径获得最直观的感受,线条在设计时就具有这样的功能。

在 PPT 的设计中,使用线条能够将页面中的元素以有序的方式进行排列,引导人们的视线随着线条的变化而移动,如图 5-5 所示。

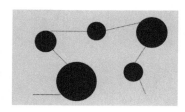

该页面中在中间线条的指引下,观看的视线跟着项目的排列而移动,增强了页面的流动感

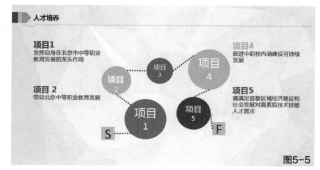

图5-5

线条的装饰作用

在设计 PPT 页面时,可通过装饰页面使得页面元素更加丰富,装饰页面的方法有很多,例如色块、图片、形状和线条等。

在设计 PPT 页面时,通过对线条粗细和疏密的安排,达到调整版面的目的,从而使页面产生空间感和节奏感,得到统一的视觉效果,如图 5-6 所示。

页面中的线条丰富了页面空旷的边缘,美化了整个页面,增强了页面的动感

图5-6

提示

各种线型会产生不同的形态与风格,熟练掌握各种线型的特点,在实际操作中会产生事半功倍的效果。在页面适当运用线条,可起到强化视觉效果的作用,少数曲线的应用还能产生艺术美感。

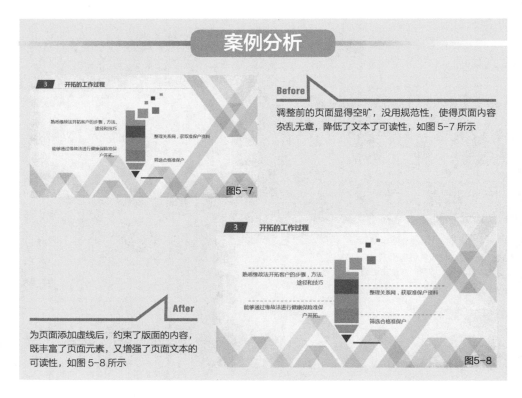

5.1.2 圆形的使用

在 PPT 设计中除了用线条来装饰页面外，还可使用圆形对页面中的元素进行排列和点缀。在 PPT 设计中圆形的使用也是随处可见的，圆形可作为流程图展示，也可点缀页面。下面详细对圆形的使用进行介绍。

圆形的装饰作用 ···●

在设计 PPT 页面的过程中，除了使用直线装饰页面外，还可使用圆形来装饰页面，两者的表现形式不同，在页面中最终的展现效果也不尽相同。圆形的装饰可分为填充圆形和空心圆形两种。

无论是使用哪种圆形，其主要的目的都是为了使页面元素更加丰富多彩，从而增强版面的空间感，在设计 PPT 页面的过程中，要根据实际情况选择合适的圆形对页面进行装饰。

● 空心圆形。在 PPT 设计中，通过空心圆形的装饰对页面标题进行一定的约束，使得页面标题具有动感和节奏感，同时增强了页面的趣味性，其页面效果如图 5-9 所示。

图5-9

页面中的空心圆将主题内容规划起来，通过散落在页面中的规格不一的圆形对页面进行点缀，增强了页面的动感和节奏感

● 填充圆形。填充圆形一般在页面中起到衬托文本内容的作用，通过填充圆形的点缀，使得页面内容更加清晰明了，在丰富页面元素的同时增强了文本的可读性，其页面效果如图5-10所示。

图5-10

通过页面中的实心圆的衬托，将页面中散落的标题更加清晰地表现出来，既增强了文本的可读性，又为页面增添了活力和动感

圆环的使用

通过将圆形进行一定的组合和排列，从而形成不同形状的圆环呈现在页面中。在设计过程中，可通过圆环将页面内容更加形象地展现出来，如图5-11所示。

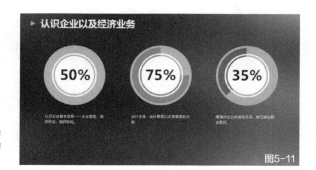

图5-11

该页面中使用圆环作为主体，通过不同的色条将百分比更加直观地展示出来，增强了页面的可读性

提示

圆环的表现形式也分为很多种，如扇环和渐变圆环等，通过对不同圆形的设置和排列从而得到新的圆环效果。

制作 PPT 圆形实例 ···•

对于圆形的应用，在 PPT 设计中最常见的就是圆环形的图表，通过对圆形不同形状和大小的组合，形成各种各样的圆环形图表，它能够将页面中的内容清晰地表达出来，如图 5-12 所示。

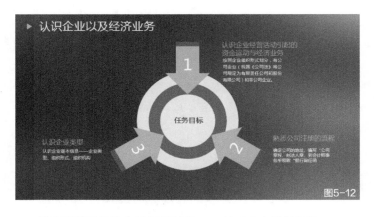

图5-12

页面用圆形为主体，通过箭头的指向清楚地表明内容的步骤

接下来就详细地介绍如何在 PowerPoint 中绘制圆形。

● 打开 PowerPoint，在 "插入" 选项卡中选择 "形状" 选项，选择 "椭圆" 选项，如图 5-13 所示。按住 Shift 键在页面中绘制一个圆，如图 5-14 所示。

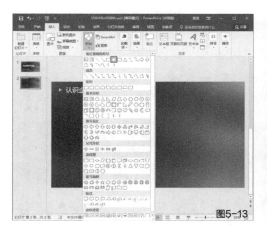

图5-13

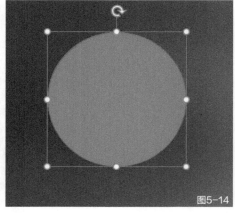

图5-14

● 选中圆，在 "格式" 选项卡中设置形状填充颜色为 RGB（222，235，247），如图 5-15 所示，其图像效果如图 5-16 所示。

● 在 "格式" 选项卡中设置形状轮廓为 "无轮廓"，如图 5-17 所示，其图像效果如图 5-18 所示。

图5-15

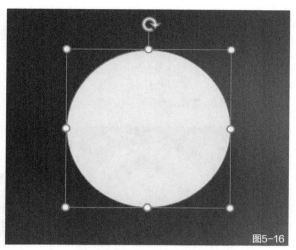

图5-16

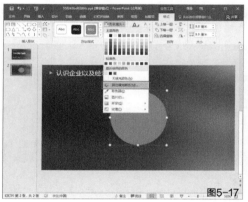

图5-17

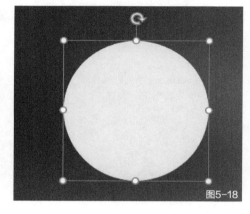

图5-18

● 使用相同的方法绘制出不同颜色的圆形，如图 5-19 所示。选中所有的圆形，将它们进行组合，如图 5-20 所示。

图5-19

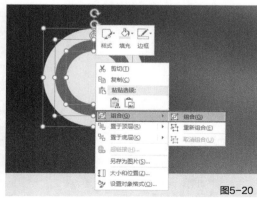

图5-20

提示

通过"组合"命令能够将多个元素组合为一组，如果移动或是缩放这个组合时，该组合中的所有对象都会发生移动和缩放。

● 其最终图像效果如图 5-21 所示。添加页面中的其他元素，最终效果如图 5-22 所示。

图5-21

图5-22

提示

在 PowerPoint 中绘制圆环时，要注意对各个圆形的位置进行对齐，可通过"格式"选项卡下的"对齐"命令进行设置。

案例分析

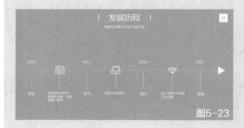
图5-23

Before

调整前的页面时间轴平淡，没有对重点内容进行突出，整体可读性不强，如图 5-23 所示

After

为页面使用实心圆形装饰页面后，突出了时间重点，使得各个阶段的事件指向更加清晰明了，使用圆环对图形进行限定，增强了页面的视觉效果，如图 5-24 所示

图5-24

5.1.3 线框的使用

在 PPT 设计中线框主要起到约束和强调的作用，它一般用来限定版面中的某个页面元素，可突显它在整个页面中的重要性。在此需要注意的是，被线框强调的对象是页面中的视觉重点。

提示

线框形状的选取要根据装饰对象的性质来决定，线框一般分为规则型线框和不规则型线框，两者的目的都是使被强调的对象与修饰边框达到内容与形式的统一，产生和谐美。

规则型线框 ....●

规则型线框是指规则型图形无填充颜色的一种状态，它的主要作用是对页面中的内容进行限定，在强调页面内容的同时起到规范页面的作用。

在 PPT 设计中，如果对象是规范性很强的文字或图形，用三角形、矩形和圆形等规则型线框进行强调，如图 5-25 所示。

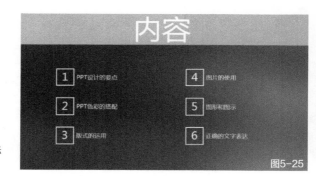

该页面中通过使用正方形的线框对其页面标题进行修饰，强调了目录内容的顺序

图5-25

不规则型线框 ....●

不规则型线框与规则型线框的作用相同，都是对页面内容进行限定，相对于规则型线框来说，不规则型线框的使用能够使页面产生生动、活泼的视觉效果。

当被强调的对象是感性元素时，可根据整个版面的整体风格选择不规则形状的线框进行限定，从而达到强调内容与页面整体一致的视觉效果，如图 5-26 所示。

该页面中通过使用不规则型线框将页面中可视化元素进行限定，使得页面整洁且富有规律

图5-26

提示

在使用不规则型线框对页面元素进行约束和强调时，还可通过调整线框的颜色来对页面元素进行区分，从而达到丰富页面色彩的作用。

5.1.4 色块的使用

在 PPT 的设计中，色块的使用能够使 PPT 具有布局明了、结构清晰和内容丰富等优点。色块共有以下几种使用方法，分别为大面积色块、小色块、半透明色块、虚化色块、层次感色块、倾斜色块和装饰性色块，下面就详细讲解不同色块的使用方法。

大面积色块

大面积的色块是 PPT 中应用最为广泛的一种，在使用的过程中需要注意的是大面积色块一定要与主题内容相和谐，色彩深浅相差较大会影响整个页面的效果。通过色块与图片的配合形成左右或是上下分明的一种格局，如图 5-27 所示。

图5-27

该页面中使用大面积黄色的色块来衬托主题，与页面内容相呼应，从而达到页面视觉效果相一致

小色块

在 PPT 设计中可通过几何形色块和图片的合理排列，使得页面呈现单纯、简洁和明快的感觉。小色块的这种风格类似于微软的 Metro 设计，通过巧妙的裁剪和排列，使页面形成一种整齐划一的效果，如图 5-28 所示。

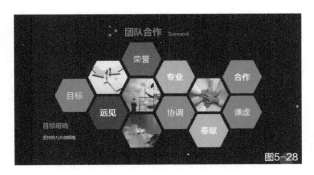

图5-28

该页面中使用六边形的色块和小图，将它们整齐地进行排列，给人一种整齐且新颖的视觉效果

提示

Metro 设计是微软在 Windows Phone 系统中正式引入的一种界面设计语言，也是 Windows 的主要界面显示风格。

层次感色块

在 PPT 设计中，如果将同一色系的色块放置在一起，通过有序的排列，就会形成一种富有层次感的效果，如图 5-29 所示。

该页面中将青色不同色系的色块进行排列，令整个页面层次丰富，充满立体感和韵律感

图5-29

提示

在制作层次感色块时将色块设置为不同的颜色，通过错位重叠的方式对色块进行排列，从而形成具有层次感的页面效果。

装饰性色块

在 PPT 的设计过程中，当页面内容太过空旷时，就需要对页面进行装饰，装饰页面的方法有很多，色块就是其中的一种。

色块除了能够承载信息，降低背景的可读性外，还具有装饰页面的作用，使得页面元素更加丰富多彩，增强页面的空间感，如图 5-30 所示。

该页面中将不同颜色的色块进行组合，从而形成了新的形状，在丰富了页面元素的同时增强了页面的整体视觉效果

图5-30

提示

在该页面中运用了大量的等腰三角形，在制作过程中可先插入一个等腰三角形，然后复制多个，并对其填充不同的颜色，最后通过整齐地排列形成一个新的形状呈现在页面中。

半透明色块 ·· •

在 PPT 设计过程中，当使用一张图片作为背景时，为了能够使标题文字更好地与背景内容融为一体，可使用半透明色块对标题进行处理。

在 PPT 设计中，使用半透明色块能够很好地融合背景，同时又降低文字周围的背景干扰，使得整个页面以干净整洁的面貌呈现在观众面前，如图 5-31 所示。

该页面中通过使用半透明的色块使得页面主题与背景很好地融合在一起，给人一种和谐的视觉效果

提示

半透明色块的制作方法是对绘制好的形状执行纯色填充命令，然后调节该形状的不透明度形成最终的图像效果。

虚化色块 ·· •

在 PPT 设计中，大部分人将虚化效果和半透明效果混为一谈，其实两者完全不同，虚化色块是将背景图片进行虚化处理，并裁剪形状，将其置于原图上方，形成一种神秘的视觉效果，如图 5-32 所示。

该页面中通过使用虚化色块，在清楚表达页面内容的同时给人一种神秘感

倾斜色块 ·· •

在很多的 PPT 设计中，都会使用倾斜色块来对页面进行装饰，这样能够使 PPT 设计更加具有方向感，一般通过旋转得到这样的效果，如图 5-33 所示。

图5-33

该页面中通过使用倾斜的白色色块将页面中的内容展现出来，形成一定的动感，引导着观看者从左到右的视觉流程

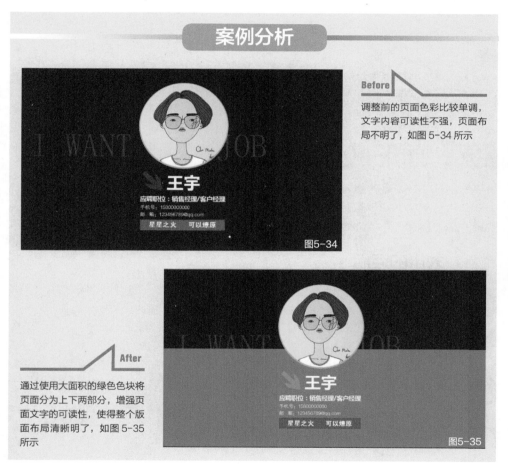

Before

调整前的页面色彩比较单调，文字内容可读性不强，页面布局不明了，如图5-34所示

图5-34

After

通过使用大面积的绿色色块将页面分为上下两部分，增强页面文字的可读性，使得整个版面布局清晰明了，如图5-35所示

图5-35

5.1.5 使用异形图形

异形图形是指除了圆形、正方形和多边形以外的不规则图形，在 PPT 设计中通过使用不规则的图形打破以往视觉流程，增强了页面的趣味性，如图 5-36 所示。

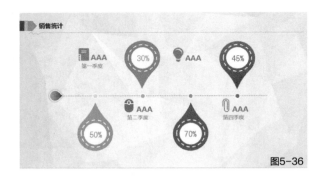

该页面中通过异形图形对页面元素进行展示，使页面元素更加形象地表现出来，加深观看者对其内容的理解

图5-36

提示

不规则图形通常都是由 PowerPoint 中自带的形状经过简单的修改绘制而成的，也可通过多个形状的联合、组合、拆分、相交和剪除操作得到最终的图形效果。

5.2 图形应用的秘诀

在 PPT 设计中图形的应用有利于事物关系的说明，并能提高表现力，使各个事件之间的关系一目了然。在 PPT 中使用图形的过程中，根据页面的需要合理地对图形大小、颜色以及位置进行设计和摆放，从而使整个 PPT 页面呈现清晰明了的视觉效果。

5.2.1 大小的运用

在 PPT 页面中，图形大小也是表现页面元素关系的重要因素，图形大小分为等比例形状大小和不同比例形状大小，两者的目的都是增强页面的美观性。

等比例大小

在设计 PPT 时，当需要对等级关系的内容进行介绍时，可通过等比例的形状对内容进行展示，在统一页面元素的同时使得页面具有流动感，从而达到增强页面动感的目的，效果如图 5-37 所示。

该页面中使用了相同大小的形状，形状描边令整个形状展现出了流动的视觉效果

图5-37

不同比例大小

在很多的 PPT 设计中，不同比例大小的形状能够表达页面内容的重点，与此同时也要根据形状的外观合理地对其进行缩放，从而达到和谐且美观的页面效果，如图 5-38 所示。

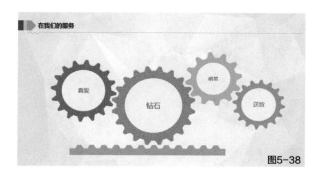

该页面中通过锯齿的形状将页面元素进行对比展示，边缘锯齿环环相扣，增强了页面的联动性

5.2.2 颜色的设置

在 PPT 的设计中，如果图形的颜色太华丽，则容易让人忽视文字内容，若图形完全不经修饰则又显得过于单调，让人完全失去阅读的兴趣。只有合理地对图形进行颜色填充，才能够在丰富页面色彩的同时增强页面的可读性。

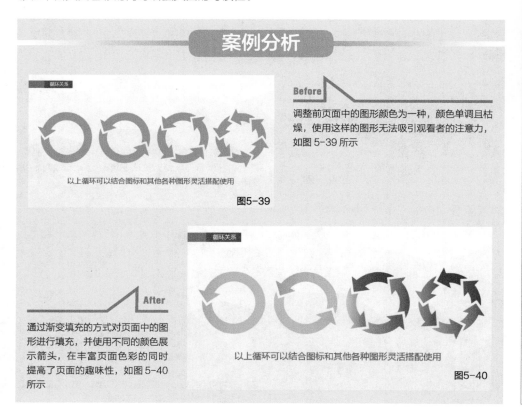

Before

调整前页面中的图形颜色为一种，颜色单调且枯燥，使用这样的图形无法吸引观看者的注意力，如图 5-39 所示

图5-39

After

通过渐变填充的方式对页面中的图形进行填充，并使用不同的颜色展示箭头，在丰富页面色彩的同时提高了页面的趣味性，如图 5-40 所示

图5-40

提示

渐变是最基础、最常用的美化方式，无论何时，当图形显得单调时，使用渐变总能让效果得到改善。通过设置渐变打破单调的背景，对自定义图形使用渐变是简单易行的美化方式。渐变一般以同色渐变为主。

5.2.3 位置的排列

在大多数情况下，完成一个 PPT 图示需要使用多个自定义图形，甚至图示中每一个对象都由多个自定义图形组合而成，那么图形位置的摆放及组合就是非常重要的环节下面简单介绍几种图形位置排列的方法。

 提示

图形的组合是 PowerPoint 绘图的重要基础，可通过层次、对齐、标尺和参考线等工具对图形进行精确的摆放。

层次排列 ....•

层次排列命令可以改变各个对象的叠放次序。在 PPT 中，后建立的图形显示在最前面，因此可能会挡住之前创建的图形，这时使用排列对象的 4 个工具可以改变各个对象的层次。在设计时可根据页面的需要对图形对象的层次排列进行调整，如图 5-41 所示。

该页面中通过对图像对象的层次进行调整，将标题 1 放置于第一层，符合人们从上往下的视觉流程，从而增强页面的层次感

对象组合 ....•

如果页面中对象过多，一个个调整对象会比较繁琐，可通过组合命令将多个对象"组合"为一组，这样在移动、缩放或者改变这个组合的属性时，该组合中所有对象的属性都会发生相同的改变，而且组合内各个对象的相对位置不会发生变化，效果如图 5-42 所示。

该页面中通过对表示人群的形状进行组合，避免在对其执行命令时出现大小不一或位置间距不等的情况

当不需要对对象进行组合时，可选中图形，单击鼠标右键，执行"取消组合"命令进行取消。

对齐

在设计 PPT 的过程中，页面中的元素呈一定的规律进行排列时，可通过"对齐"命令快速实现多个对象的边缘精确对齐，其中包括"顶端对齐""纵向分布""左右居中""上下居中"和"横向分布"等，图 5-43 所示为页面的横向分布对齐。

该页面中通过横向分布命令，将页面中的元素快速地平均分布于页面中，在提高制作效率的同时增强了页面的美观性

图5-43

5.3 使用图示

图示在 PPT 设计中有两个作用，一是将对象间的逻辑关系视觉化，使文字承载的信息一目了然；二是打破呆板的页面版式，让枯燥的文本变得更有魅力。下面对图示进行详细的介绍。

5.3.1 图示的常见形式

在 PPT 设计中最常用到的图示类型基本分为 5 种，这 5 种图示不可能包含 PPT 中会用到的全部图示，但是通过这些基本类型的组合和延伸，得到的图示类型将会是无限的。下面分别对这 5 种基本图示进行讲解。

并列图示

并列关系是 PPT 中最基本的逻辑关系。在并列图示中，各个要点的地位是相同的。并列图示分为横列式、纵列式、表格式和散列式几种。

● 横列式 。 横列式是最常见的并列形式，各个元素是由上向下排列的。但横列式布局过于常见，因此容易显得枯燥，常常需要使用图形修饰弥补版式的不足，其页面效果如图 5-44 所示。

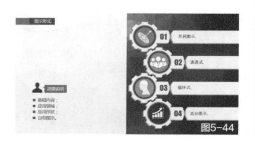

该页面使用了横列式图示，通过与图形的结合使用，使得页面元素更加丰富，逻辑更加清楚

图5-44

● 纵列式。纵列的版式比较新颖，看起来比较别致，但该版式的缺点为页面文字断行较多，导致阅读不流畅，易读性有所牺牲。在使用纵列式的图示时，需要注意的是不要同时展示过多的条目。纵列式的效果如图 5-45 所示。

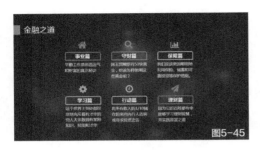

该页面使用了纵列式的表现形式，使页面内容整齐划一，符合人们从上至下的视觉流程

● 表格式。表格式图示实际上是使用"分栏"技巧充分利用空间，以利于展示多个条目，但需要注意的是在排列各个条目时，它们之间的上下左右距离要一致，页面效果如图 5-46 所示。

该页面使用了表格式的表现形式，通过图文结合的方式更加形象地表达了主题内容

● 散列式。散列式图示打破了条目的布局限制，合理地使用能够让人耳目一新，在排列的过程中需要注意不要毫无章法地排列，否则会造成页面杂乱，如图 5-47 所示。

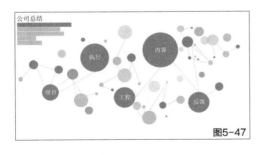

该页面使用了散列式的表现形式，通过形状内容的上下混搭摆放，使得整个页面呈现活力且轻松的感觉

递进图示

递进式图示的各个项目具有时间或者逻辑上的先后关系，递进式图示的形式多种多样，其中用于表示先后关系的箭头、阶梯和金字塔是递进式图示的重要元素。

提示

递进式图示包括很多种形式，不仅仅局限于以下几种，在设计 PPT 的过程中，可通过自己的需要合理地进行选择，也可通过自己的创意，在清楚表现内容关系的前提下，设计出属于自己风格的递进式图示。

● 时间轴。时间轴是 PPT 设计时最常用的形式，这种形式可以很好地表现元素之间的递进关系。时间轴常用来表示与时间有关的事件。时间轴的主体通常是一条带有箭头的直线或曲线，搭配其他丰富的图形作为辅助，准确地表达整个设计的目标，效果如图 5-48 所示。

该页面使用一条黄色的箭头指引时间的发展，清晰明了地交代了公司的发展历程

图5-48

● 阶梯状。阶梯状地排列各个项目就会得到阶梯式递进图示，这种形式能够更加形象地将递进关系表现出来，使得页面内容的关系更加清晰，它一般用于表示"发展阶段"等主题，如图 5-49 所示。

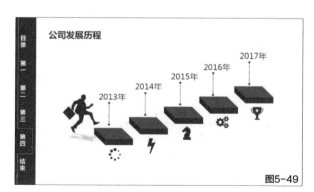

该页面使用人物上阶梯的方式形象地将公司近几年的发展演绎得淋漓尽致，增强了页面的趣味性

图5-49

● 圆环式。圆环式图示主要表示层次上的递进关系，其主要包括同心圆和相切圆两种形式，不同形式的圆环侧重表达的内容也不同，同心圆有层层深入或逐步扩张之意，而相切圆则侧重于表达各个层级的包含关系。圆环式图示的页面效果如图 5-50 所示。

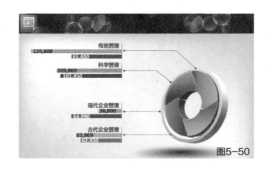

图5-50 该页面使用一个立体的圆环表示各个数据，在清晰表达各个数据的同时，增强了页面的趣味性和立体的视觉感

● 金字塔式。在 PPT 的图示应用中，金字塔式图示一般用于表示逐级提升的主题，例如描述职场职位关系、晋升条件关系等，这种自上而下的关系都可通过金字塔式的图示进行表达，页面效果如图 5-51 所示。

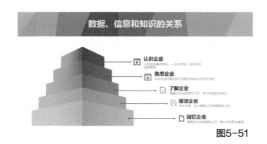

图5-51 该页面使用金字塔表现形式，将内容以逐级提升的方式进行表现，从而清晰地表达了内容之间的联系

总分图示

总分图示在 PPT 设计中用于表示整体的组成、层级甚至因果关系，是 PPT 中最常用到的图示类型之一。总分图示的表现形式有很多，下面只对 3 种进行简单的介绍，读者可根据自己的需要对其进行选择。

● 环绕式。环绕式是在 PPT 设计中经常使用的总分图示，但该图示的文字对齐比较困难，很容易让人感觉不舒服，因此环绕图示设计不宜过于复杂，应当在保证文字易读性的前提下使用，页面效果如图 5-52 所示。

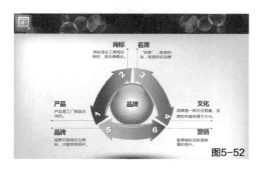

图5-52 该页面使用了环绕式表现形式，将文字按照层级设置为不同的字体和大小后，采用环绕的方式排列在图表四周，整个画面层次清晰，主题明确

● 树式。树式图示也是一种常用的总分图示，使用的形式可再分为组织图、鱼骨图和树根图等。使用树式图示时，需要注意的是如果边框颜色太鲜艳，就会分散观众对文字的注意力。

树形图制作时应适当地进行简化，并不是每条线段都必须使用箭头，其页面效果如图5-53所示。

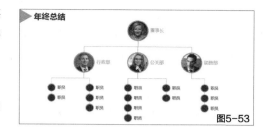

图5-53

该页面以树式的形式将该公司的职员层级清楚地表达出来，自上而下的层级排列符合人们的视觉流程

● 维恩式。维恩图，也叫文氏图，用于显示元素集合重叠区域。维恩图经常使用一些重叠的圆形来展示集合之间可能存在的关系。

在PPT设计中当各个项目只有关键词时，外观简洁的维恩图示是一个不错的选择，如图5-54所示。

图5-54

该页面将主体内容以维恩图的形式进行表达，清晰地表明了主题内容之间相互依存且相互联系的关系

流程图

流程图用于展示事件的流程或过程。在使用流程图时需要注意的是不要随意地使用多种形状，在设计中使用多种颜色足以让各个元素区别开来，选择同一种形状能够使图示显得更加专业，如图5-55所示。

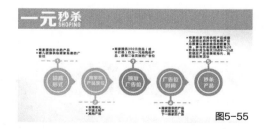

图5-55

该页面使用不同颜色的形状将产品流程清晰地表达出来，增强了页面的可读性和一致性

提示

在PPT的设计中，不要拘泥于统一的形状与颜色，要在保证内容清晰表达的前提下发挥自己的创意，设计出风格迥异的PPT页面。

比喻图示

比喻图示是指用生动、具体的事物来代替抽象、难以理解的事物，从而加强观看者对其内容的理解和印象。

　　在 PPT 的设计中是以生活中经常见到的实物，例如手、四叶草等比喻总体的构成，其形式有趣且新颖，能够成功地吸引观看者的注意力，其页面效果如图 5-56 所示。

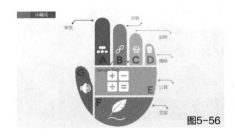

图5-56

该页面将主体内容以手掌的形式形象地展现出来，内容丰富且新颖，增强了页面的趣味性

> **提示**
>
> 比喻图示的种类多种多样，例如使用天平为主体，从而表示各部分内容的重要性。在使用 PPT 图示的过程中，要激发自己的创意思维，设计出别具一格的 PPT 页面。

5.3.2 保持整个页面的风格统一

　　在设计 PPT 时，用户会在各大优秀的网站下载素材，但在使用图示时需要注意的是不要混用，当 3D 风格的元素和扁平式的元素进行混合使用时，就会出现质感不统一的页面效果，从而大大降低页面美观性。

> **提示**
>
> 在制作 PPT 时保持页面的风格统一讲究的是页面的一致性，当在页面中使用图示时，整个图示尽可能不要采用多种质感，颜色的变换要有规律，而不是随意地去设置。

案例分析

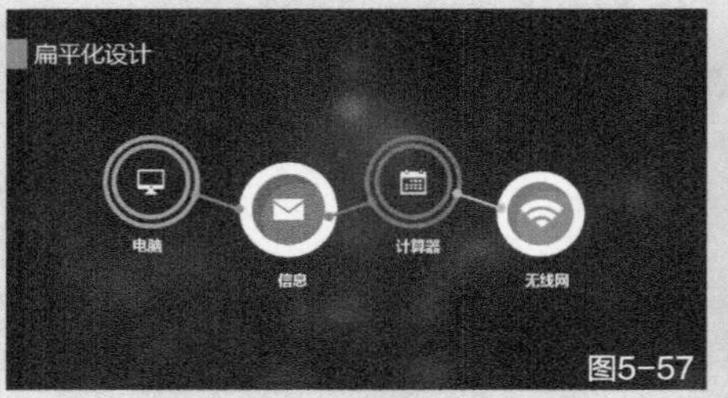

图5-57

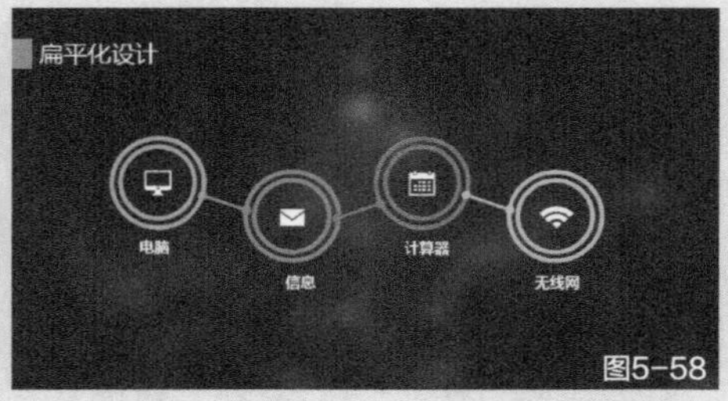

图5-58

Before

调整前页面包括了立体和扁平化两种类型的形状，造成页面形状不统一，如图 5-57 所示

Before

将页面中的立体形状修改为扁平化的形状，统一整个页面元素的类型，形成了流程和谐的视觉效果，如图 5-58 所示

5.3.3 突显图示的色彩

在设计 PPT 的过程中使用图示时，合理地突显图示的颜色也是非常重要的，合理地搭配图示的颜色能够使页面中各元素的关系更加清晰明了，否则会造成页面混乱，大大降低页面元素的可读性，因此在丰富图示色彩的同时也要注意整个页面的可读性和一致性。

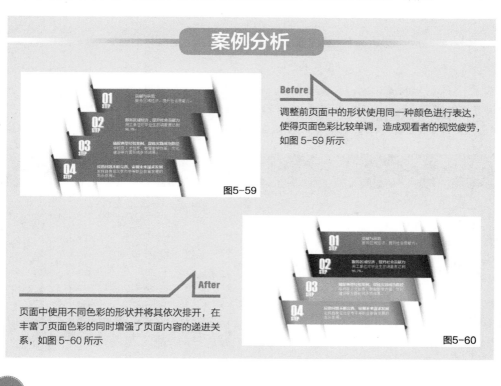

Before

调整前页面中的形状使用同一种颜色进行表达，使得页面色彩比较单调，造成观看者的视觉疲劳，如图 5-59 所示

图5-59

After

页面中使用不同色彩的形状并将其依次排开，在丰富了页面色彩的同时增强了页面内容的递进关系，如图 5-60 所示

图5-60

提示

在为图示设置颜色时需要注意的是不要随意使用颜色，不同的色彩搭配呈现不同的页面视觉效果，在突显形状颜色的同时也要注意页面的美观性。

5.4 获取图形和图示

在上面的章节中已经对图形和图示进行了介绍，那么在制作 PPT 时，优秀的图形和图示该如何获得？下面对图形和图示的获取进行讲解。

5.4.1 PowerPoint 自带图形

PowerPoint 中提供了 SmartArt 图形工具，使用 SmartArt 可以快速创建很多常用的图示，如图 5-61 所示。

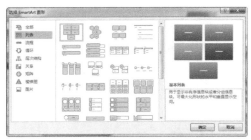

图5-61

虽然 SmartArt 图示的视觉效果不能让人十分满意，复杂一些的图示也无法直接生成，但 SmartArt 确实能为图示的制作提供参考，从而减少绘图时间。比较聪明的办法是在生成图形的基础上继续编辑，使其符合使用要求，具体做法为在插入 SmartArt 图示后，在"SmartArt"工具的"转换"中，将 SmartArt 转换为形状，如图 5-62 所示，而后手动编辑。

图5-62

提示

通过"转换为形状"命令可以将 SmartArt 图形转换为形状，以便任何形状都可以独立于其他形状以移动、调整大小或删除。

5.4.2 获得外部素材

当制作 PPT 时，使用优秀的素材能够使自己的 PPT 页面别具一格，合理地使用图形能够增强 PPT 的表现力以及趣味性，如图 5-63 所示。

图5-63

页面中使用天平的形象将各部分内容的重要性合理地表达出来，增强了页面的趣味性

外部素材的来源相当广泛，但要在日常的生活或工作中懂得收集和整理，只要用心去发现，图形素材随处可见。图示除了 PowerPoint 中自带的外，还可通过以下几种渠道获取。

● 在各大优秀的素材网站购买。

● 使用 PPT 自带的绘图工具绘制图形，也可使用 Photoshop、Illustrator 等优秀的软件绘制图形。

● 通过互联网寻找一些免费的图形素材。

5.4.3 绘制个性素材

为了使自己的 PPT 与别人的与众不同，可通过自己的创意进行设计，在增强用户动手能力的同时，增强 PPT 的个性，这样能够避免出现与别人作品雷同的情况，如图 5-64 所示。

页面中使用不规则的形状以层级的方式进行表示，使主题内容的包含关系一目了然

图5-64

● 打开 PowerPoint，单击"插入"选项卡下"形状"命令，选择"椭圆"选项，如图 5-65 所示。按住 Shift 键在画布中绘制圆，设置形状填充为 RGB（170，216，37），如图 5-66 所示。

图5-65

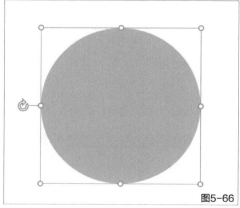

图5-66

● 使用相同的方法绘制一个椭圆，设置形状填充为 RGB（250，226，94），如图 5-67 所示。在"格式"选项卡下选择"编辑顶点"命令，如图 5-68 所示。

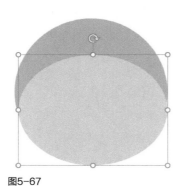

图5-67

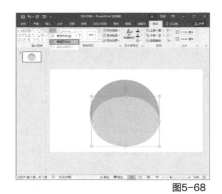

图5-68

提示

通过"编辑顶点"命令，能够对形状中的各个顶点进行拖曳，可根据自己的需要将形状拖曳成自己想要的任意不规则形状。

● 拖动顶点的锚点，将其拖曳为不规则的形状，如图 5-69 所示。最终图像效果如图 5-70 所示。

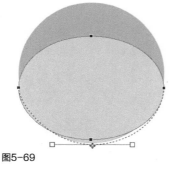

图5-69

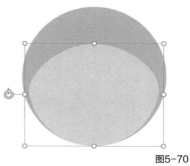

图5-70

● 选中形状，在"格式"选项卡为形状添加效果，如图 5-71 所示。最终图像效果如图 5-72 所示。

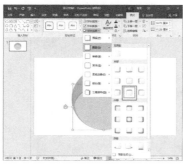

图5-71

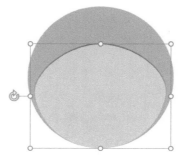

图5-72

提示

可为形状添加阴影、映像、发光、柔化边缘、棱台和三维旋转等效果，在 PPT 设计中可根据具体的形状类型为其添加合适的图像效果。

● 使用相同的方法在页面中添加其他颜色的形状，如图 5-73 所示。添加其他元素，最终图像效果如图 5-74 所示。

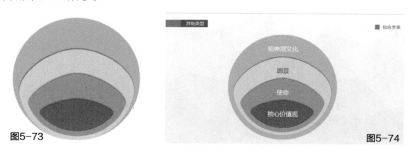

图5-73　　　　　　　　　　　　　　　　　　　　　　　　　　　**图5-74**

5.5 尽量少用图形和图示

PPT 的设计中，在图示的制作上即使不做太多装饰，仅仅利用非常简单的线条就可以实现准确的逻辑、美观的外形及有力的信息传达，又能避免与他人的作品相似，因此在设计时尽量少用图形和图示对内容进行表达。

在互联网上找到精美的图示是一件非常容易的事，直接套用这些图示能够大大提升 PPT 的制作效率，但这样做也会带来很多麻烦。

● 现成的图示不可能完全满足实际需要，因此在图示的选择上会很被动，设计者不得不屈从于这些图示的尺寸，大幅降低文字的易读性，甚至牺牲原本的逻辑关系。

● 很多图示在设计上安排的笔墨重心并没有放在关键信息上，观看者容易受到错误的视觉引导。

● 套用图示不利于统一 PPT 的整体风格。

提示

在 PPT 的设计过程中使用图形和图示的目的在于对文字的位置按照其逻辑关系重新安排，所以文字本身和图示形式同等重要。

5.6 专家支招

通过本章的学习，相信读者已经对 PPT 中的图形和图示的使用有了一定的了解和认识，在 PPT 的设计中除了对图形填充颜色外，还可通过什么样的方式对图形进行美化呢？下面简单向读者介绍美化图形的两种方法。

提示

对图形进行美化的方式有很多，除了以下介绍的两种方式外，还可通过为图形设置高光、三维和反光等效果，增强形状的立体感和表现力。

5.6.1 阴影

在 PPT 的设计中可通过使用 PowerPoint 中自带的阴影为形状添加阴影效果，通过"格式"选项卡下的"形状效果"命令为图形添加阴影，使页面图形显得更加美观，更有立体感，如图 5-75 所示。

图5-75

为页面中的形状添加阴影，使得图形看起来更加具有立体效果，整个页面呈现层次清晰、生动的视觉效果

5.6.2 修边

修边是非常简便易行的修饰方法，它是通过外加边框或者添加修饰的方法，从而打破形状的单调效果。通过图形的叠加制作出不那么刻板的边框，会让图形看起来更加美观，页面效果如图 5-76 所示。

图5-76

该页面中通过使用不规则形状的叠加，使得五角星形表现出立体的视觉感，增强了页面视觉效果

5.7 本章小结

本章主要讲解了在 PPT 设计中常见图形的使用、图形应用的技巧、常见的图示类型以及获取图形和图示的方法，通过本章的学习，相信读者能够在 PPT 设计的过程中根据自己的需要合理地使用图形和图示，但无论使用哪种类型的图形和图示，都要在清楚表达主题逻辑关系的前提下进行设计。

第 **6** 章

正确的文字表达

文字是PPT中不可或缺的重要元素之一，文字的编排发挥着关键的作用，它是整个PPT页面传达版面信息的重要构成元素，没有文字的PPT很难清楚地阐述一个问题，但让枯燥的文字变得美观从来都不是一件容易的事，不同的字体、字号以及编排方式等都会直接影响版面的易读性和最终效果。

6.1 文字的关联设计

文字的设计就是对所传达的信息展开全面的设计，让这个画面在传达信息的过程中达到深入人心的效果。在 PPT 的页面设计中，文字的重要性不言而喻，通过对文字内容的设置，从而使页面内容层次更加清晰，整体呈现和谐且统一的视觉效果。

6.1.1 优化关键字

在 PPT 设计中有许多关键字需要进行突出，目的在于用一种更加直观的方式表现内容重点，那么如何将关键字设计得引人注目呢？下面讲解几种优化关键字的方法。

文字加粗 ···

在 PPT 的设计过程中，难免页面中会有大段的文字出现，当一排文字均匀横列或竖列排列时，我们首先注意到的必然是字体肥大、进行加粗处理的文字。因此可对 PPT 中的关键字进行加粗处理，如图 6-1 所示。

图6-1

页面中将"摘要"加粗，置于句前，有引导作用，能最大限度地对文字内容进行概述，帮助浏览者取舍之后的内容

变色处理 ···

在 PPT 设计中，除了对关键字进行加粗设置外，还可对关键字进行变色处理。对文字进行变色处理，能够有效地增强页面的视觉冲击力，图 6-2 所示为对关键字进行变色处理的页面效果。

图6-2

页面中将"视觉冲击"4 个字进行变色处理，突出了关键字的视觉效果，使得观看者加深对页面关键字的印象

提示

在对文字进行变色处理时，需要注意以下 3 点。
- 需要考虑主色调，看颜色排列是否顺畅，是否会出现"跳色"的问题。
- 需要注意文字颜色与背景色的搭配问题，看文字是否看得清，是否会出现颜色剧烈冲突。
- 需要考虑前置文字和后置文字的对比是否强烈，所要表达的意思是否能够完善表达。

重复强调

重复强调也是优化关键字的一种方法，这样的思路来源于"重要的事情说3遍"，对关键字进行反复强调，自然会加深观看者对其的印象，如图6-3所示。

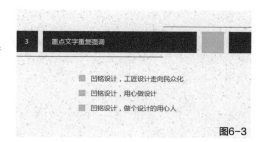

页面中将关键字进行反复强调，从而有效地加深观看者对页面内容的印象，也起到了统一页面内容的作用

图6-3

提示

这样的重复也存在一定的风险，可能会令观众觉得腻烦，觉得页面没有内容，而在此重复啰嗦，所以在使用时要稍微注意一下。

特殊字体

将特殊字体引入PPT中，常见于个性化、特殊型的设计当中，正式型的作品一般很少用到，但也并非绝对。

特殊字体引入是强调关键字一种极好的方式，但这样的方式在使用过程中需要格外注意上下页使用的特殊字体是否一致，页面效果如图6-4所示。

页面中将"中国风"3个字使用特殊字体进行处理，使得页面内容更加丰富，体现页面元素的多样性

图6-4

图案填充

使用"图案填充"字体，能够使PPT页面风格更加独特，增强页面的视觉效果，增强关键字的特殊性，但使用时需要注意的是在进行图案填充时，图案填充的颜色和样式要与整个页面相和谐，页面效果如图6-5所示。

页面中将关键字进行图案填充，使得文字底图与其他文字不同，增强文字的可读性与对比性

图6-5

提示

在 PPT 中设置图案填充字体时，在插入文字后，选中文本框，即会出现"格式"，"格式"下有"形状样式"和"艺术字样式"，此处，我们选择"艺术字样式"。在此需要注意的是，切莫用系统自带的那些效果，要单击右侧的"文本填充"，进入之后，即可找到"图案填充"了。调整好前景色和背景色，找到合适的斜线、点状等效果即可。

色块陪衬

在扁平化的 PPT 设计中，色块的运用是很常见的突出显示关键字的方法，在扁平化的设计中，自然是以色为主，在面对这种情况时，加粗的突出效果显然不够强烈，只好插入色块，调整好颜色后，置于关键词下面，完成它的突出显示，如图 6-6 所示。

页面中将标题文字进行色块陪衬处理，使得页面标题更加突出，内容更加明显，直观对关键内容进行表达

提示

在 PPT 的实际应用中，以上讲解的 6 种优化关键字的方法都不是孤立使用的，可以交叉、联合使用，要懂得各种技巧的组合使用，从而加强关键字的表现效果。

案例分析

Before

调整前的页面文字没有特色，可读性不强，容易使观看者产生视觉疲劳，如图 6-7 所示

Before

将页面中的"个人信息"进行变色处理，对个人情况信息进行色块陪衬处理，大大增强了页面文字的可读性，构成了视觉冲击力较强的页面，如图 6-8 所示

6.1.2 优化标题

标题是一篇 PPT 的核心和主题的概括，其标题的特点应以字句简明、层次分明和美观醒目为主。

在 PPT 设计中标题文字的排列也是非常重要的内容，其标题内容的排列样式基本分为以下几种，读者可在设计时可根据自己的需要选择合适的样式对标题文字进行排列。

一字式

一字式排列是指将标题内容以一行的形式进行展示。在 PPT 的设计中，当标题内容较短时，可使用一字式的排列方式，将标题文字居中排布即可，其页面效果如图 6-9 所示。

页面中将标题文字一字排开，标题内容清晰明了，使得整个页面干净整洁

等号式

等号式是指标题内容以两行相等的形式进行排列，这样的排列方式能够使页面看起来更加整齐。

在 PPT 设计中，当页面中的标题文字字数较多时，使用一字式排列后，标题就会与页面等长，这时就需要将标题文字分行排列，使其两行字数一样多，其页面效果如图 6-10 所示。

将页面中文字以等号的方式进行排列，规范了页面的同时，增强了文字的可读性

上长下短式

上长下段式是指标题文字以两行的方式进行排列，上面的文字要长于下面的文字，这时选择将上面的文字进行放大处理，使得页面中的文字更加清晰明了，排版更加整洁，其页面效果如图 6-11 所示。

页面中文字使用上长下短式的排列方法使得页面内容清晰明了，在文字较多的情况下，还能够清楚地进行表达

上短下长式

上短下长式是指当标题文字以两行的方式进行排列时，下面的文字要长于上面的文字，这时可将下方的文字进行放大处理，重点突出下方文字内容，其页面效果如图 6-12 所示。

图6-12

页面中文字使用了上短下长式的标题排列方法，使得页面文字在清楚表达的同时增强了页面的整洁效果

提示

在 PPT 的标题排列中无论是哪种形式的排列方法，都是为了体现标题内容为重点，在排列标题文字时，也不要局限于以上介绍的几种方式，要根据自己的实际情况选择一种最适合自己的标题的排列方法。

6.1.3 标题的选择处理

在设计 PPT 标题时，可对标题部分内容进行选择处理，除了能够增强页面标题的美感外，也能够起到吸引眼球的作用，从而增强页面的趣味性，其页面效果如图 6-13 所示。

图6-13

页面中对"三分钟"3 个字进行放大处理，并对"我"字进行变色处理，突出页面中的重点文字，使得页面标题更加突出，内容一目了然

6.1.4 使用共同的装饰

在视觉传达的过程中，文字作为设计画面感的形象元素之一，它必须具有视觉上的美感，才能够给人以美的享受，因此在设计 PPT 文字时可通过使用共同的装饰使得页面文字更加有特色，从而增强页面的一致感和美感，如图 6-14 所示。

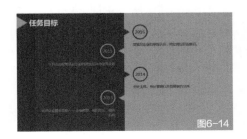

图6-14

页面中将年份使用相同形状的线框进行装饰，增强了页面文字的可读性以及一致性

调整前的页面使用不同的形状装饰页面标题，虽然页面内容丰富，但是页面效果不一致，没有规律，如图6-15所示

图6-15

After

将页面中目录标题使用统一的装饰，统一了页面内容，整个页面给人一种和谐的视觉感，显得十分流畅，如图 6-16 所示

图6-16

6.2 文字的层次体现

文字在所有的视觉媒体中都是非常重要的表现因素之一，文字的字体和字号的设计直接影响到页面的层次体现，选择合适的字体，能够满足版面整体的设计需求以及表现形式。

提示

在 PPT 设计中，无论是选择哪种字体，都要让每个观看者看清文字内容，字迹清晰、辨识度高是一个必要的前提，如果不能满足这个前提，即使再美观的字体也应该坚决舍弃。

6.2.1 选择正确的字体

字体是指文字的风格款式，或是文字的图形表达方式，根据不同的页面需求选择合适的字体，关键在于要和文字内容相和谐。字是 PPT 最基本的组成元素，是观看者注意的焦点，它也决定了主题和版式。字体种类聚多，如何选择合适的字体是非常重要的问题。

提示

在 PPT 选择字体的过程中，为了保持风格的统一，从头到尾使用同一种字体的做法是比较普遍的，多用几种字体也完全可以，但同一页 PPT 上字体要么完全相同，要么迥然不同，不要将两种乍看起来没有区别的字体放到一起。

字体影响设计风格

　　每款字体都遵循一定的设计规范，笔画形态与字形结构的变化组合，形成各种字体。在PPT 设计中，文字是最重要的组成部分，使用不同的字体，给人的视觉感受也不相同，例如庄重、活泼、古典和时尚等，要让字体的独特个性与 PPT 内容一致，给人协调并且恰当的感觉。

提示

　　字体的选择会改变整个版面的风格，在 PPT 的设计过程中要根据具体表现的风格来选择合适的字体。

　　● 庄重。在 PPT 设计中当使用较为规整的字体时，整个页面就会显得庄重、严肃，规整字体一般包括微软雅黑、黑体和楷体等字体，一般在公司商务总结 PPT 中使用这种风格的字体，如图 6-17 所示。

页面中使用微软雅字体作为主题字体,使得页面呈现庄重、严肃的效果

　　● 活泼。当使用较为圆润的字体时，整个页面就会显得具有卡通情怀，例如方正胖娃简体和方正卡通简体等，这类字体一般适合卡通、动漫和娱乐等轻松的场合，其页面效果如图6-18 所示。

页面中使用圆润的字体使得页面呈现卡通的效果，使得整个页面较为活泼和生动

　　● 个性。当使用随和的字体时，整个页面显得较为有个性，比较随和的字体如方正粗倩简体，一般适用于企业宣传、产品展示等场合，其页面效果如图 6-19 所示。

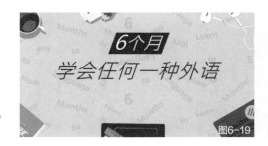

页面中将页面的年份有使用相同形状的线框进行装饰，增强了页面文字的可读性以及一致性

● 传统。在 PPT 设计中，书法类的字体会使页面呈现较为传统的风格，一般使用这类字体制作具有中国风的 PPT 页面，其页面效果如图 6-20 所示。

该页面中使用书法字体，充分展现了中国的传统文化，与主题内容相符合

图6-20

提示

书法字体的获取可通过自由的书法网站在线下载。在网址中输入所需要的字体名字，再进行搜索下载。通过这种方法我们能很快地找到需要的书法字体。

● 时尚。在 PPT 设计中，使用笔画较细且没有过多装饰的字体时，整个页面就会显得时尚且大气，这类字体一般在产品发布会的场合使用，其页面效果如图 6-21 所示。

国际名品 缔造传奇

页面中以笔画较细且较为规整的字体，使得整个页面呈现时尚且优雅的视觉效果

图6-21

● 阳刚。在 PPT 页面中使用较为粗壮的字体时，能够使页面呈现阳刚的效果，例如汉仪菱心简和微软雅黑等，使用这类字体的时候我们可以使用字体倾斜的样式，让文字显得更有活力，其页面效果如图 6-22 所示。

真男人
战到底

该页面中使用笔画较粗的字体，使得整个页面呈现有力量且阳刚的效果

图6-22

> **提示**
>
> 这类字体一般适用于运动风格的 PPT 页面中，使整个页面呈现阳刚、有力量且积极向上的效果。

● 柔美。在 PPT 页面中使用笔画清晰且简洁的字体时，使得页面呈现柔美的效果，通常这类字体使用于一些具有艺术气息的 PPT 中，其页面效果如图 6-23 所示。

页面中使用笔画清晰且简洁的字体，在清晰表达主题文字的同时合理地与页面风格相符合

根据 PPT 主题选择字体

在 PPT 设计中，不同的字体能够形成不同的页面风格，在选择字体时要根据 PPT 的主题来选择字体，只有使用合适的字体才能够清晰表达页面内容。

● 商务主题。商务主题的 PPT，黑体字为首选，由于黑体字笔画粗细均匀，字形结构比较规整，使页面体现端庄严肃的同时又不失灵活变换，如图 6-24 所示。标题推荐推荐使用方正正中黑、方正正大黑、汉仪菱心体等字体，正文推荐使用微软雅黑和方正兰亭细黑等字体。

页面中的主题文字使用黑体，使得字体风格与页面内容相一致，整个页面呈现稳重且成熟的风格

● 党政主题。在设计党政主题的 PPT 时，宋体和黑体都可使用，由于它的字形整体庄重而沉稳，略有细节变化，使页面呈现严肃的风格，如图 6-25 所示。标题推荐使用方正小标宋、华康标题宋和方正中黑等字体，正文推荐使用楷体、宋体和方正兰亭细黑等字体。

页面中的主题文字使用黑体，使得整个页面呈现大气、庄重的风格

● 学术主题。学术主题应该以简洁实用为主，粗壮的宋体为首选字体，庄重规范且不失保守古板的字体风格，体现专业、权威的品质，如图 6-26 所示。标题推荐使用方正小标宋、华康标题宋和方正粗雅宋等字体，正文推荐使用楷体、宋体和方正兰亭细黑等字体。

页面中的主题文字使用宋体，整体页面整洁且内容清晰，整个页面呈现权威、专业的风格

图6-26

宋体的字体特点为风格典雅、工整、严肃、大方，延展出标宋、书宋、大宋、中宋、仿宋、细仿宋等字体，种类繁多，差别不大。

● 时尚主题。时尚主题的 PPT 以页面大气简洁为主，推荐使用笔画较细，风格接近黑体的字体，不需要太多烦琐的修饰，使得整个页面呈现精致的效果，如图 6-27 所示。标题文字推荐使用方正兰亭超细黑、方正正纤黑和张海山锐线体等字体，正文推荐使用方正兰亭细黑和微软雅黑等字体。

页面中的主题文字使用方正兰亭超细黑字体，使得页面文字与主题内容相呼应，呈现简洁大气的效果

图6-27

微软雅黑的字形稍扁，具有典雅的气质，它是形神兼备的完美主义者，其通用性极强，当不知该如何选择字体时，可使用微软雅黑字体进行页面设计。

● 卡通主题。卡通主题的 PPT 页面推荐使用各类儿童风格的变体字，其字形不必太过规整、应富有装饰性，体现卡通趣味，页面效果如图 6-28 所示。标题推荐使用方正少儿、方正胖头鱼和华康海报体等字体，正文推荐使用方正猫鸣体和华康少女文字等字体。

页面中的主题文字使用较为圆润的字体，整个页面充满活力

● 传统主题。传统主题的 PPT 页面主要呈现中国传统文化，首选书法字体，以行书和楷书为主，既能体现传统味道，又不影响文字的可读性，页面效果如图 6-29 所示。标题推荐使用禹卫书法行书简体、书体坊颜体和方正隶二等字体，正文推荐使用宋体、方正书宋和方正楷体等字体。

页面中的主要文字选用了中国书法的字体，富有文化底蕴，整个版面呈现大气、洒脱和庄重的风格

在 PPT 设计中，选择字体时要注意以下几个问题。
● 正版字。使用正版字体，尊重知识产权，避免出现各种问题。
● 大字库。选择对生僻字支持更好的 GBK 大字库，以免出现"文字乱码"。
● 可识别。选择易识别的字体，避免出现歧义，特别是书法字体。

6.2.2 字体之间的搭配使用

在 PPT 页面设计中，使用多种字体能够使版面内容更加丰富，层次关系也更加明确，但需要注意的是使用两种以上的字体时，就必须掌握字体搭配的方法，字体之间的搭配也会成为版面成败的重要因素。

"衬线体"与"无衬线体"之间的搭配

"衬线"是指字形笔画末端的装饰细节部分，因此有"衬线"的文字被称为"衬线体"，例如宋体等字体。"无衬线体"的文字画笔粗细基本一致，没有"衬线"装饰，较为醒目，例如黑体、微软雅黑和方正综艺等字体。

"衬线体"一般用于正文，比"无衬线体"更易于阅读，"无衬线体"一般用于短篇和标题等，能够引起观看者的注意，如图 6-30 所示。

图6-30

页面中使用宋体为正文字体，使用微软雅黑为标题字体，整体页面字体搭配和谐且清晰，页面内容阅读流畅

中文字体与英文字体之间搭配

中英文字体的搭配没有固定的模式，但是也有一定的规律可循，"衬线体"中文搭配"衬线体"英文，"无衬线体"中文搭配"无衬线体"英文，如以下几种搭配方式。

- 汉仪书宋简体 +Times New Roman。
- 汉仪细黑等线简体 +courier new
- 方正黑体简体 +Arial，如图 6-31 所示。

图6-31

页面中的英文与中文使用 Arial 和方正黑体简体进行搭配，页面内容整体美观且易读

英文字体中的"衬线体"体现在字母末端的装饰细节，由于其具有一定的粗细变化，一般使用于标题中，起到醒目的作用。
中文的"衬线体"以宋体为代表，字体横笔画细、竖笔画粗，横笔画在两端也被加粗，形成三角形的装饰；中文的"无衬线体"以黑体为代表，这类字体笔画粗细基本一致，没有"衬线"装饰，较为醒目，一般用于标题文字。

控制字体数量

在 PPT 设计中，使用和字体数量并没有固定的标准，但是需要注意的是不要使用过多的字体，在一般情况下建议每页的 PPT 字体数量不超过两种，每套的 PPT 字体数量不超过 3 种。

将页面文字字体统一为两种字体，使得标题和正文明显区分开来，整个页面呈现整洁、干净的效果，如图 6-33 所示

字体和谐搭配

字体的对比和统一是字体搭配的基本原则，但在字体搭配时需要注意的是，文字有对比但不能迥然不同，有统一但不能过分雷同，在对比和统一的原则下实现字体和谐搭配，从而使得 PPT 页面更加美观且和谐。

案例分析

Before

调整前页面的标题搭配形成鲜明的对比，但是两行文字的风格却迥然不同，差别较大，使得整个页面呈现不协调的视觉效果，如图 6-34 所示

图6-34

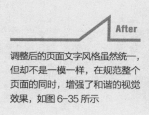

After

调整后的页面文字风格虽然统一，但却不是一模一样，在规范整个页面的同时，增强了和谐的视觉效果，如图 6-35 所示

图6-35

6.2.3 设置正确的字体大小

对文字的大小进行设置就是对字号进行设置。当版面中需要呈现不同层次关系的信息时，通过字号的选择区分出标题、正文以及注释，就能够清楚地表现画面的信息层级，使得页面文字富有韵律且错落有致，让重点和要点一目了然，如图 6-36 所示。

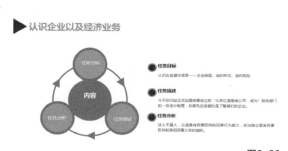

页面中使用的标题字号明显比正文字号较大，将页面中的层级关系清晰地展现在浏览者的面前

图6-36

字号大小的设置

在 PPT 设计中，无论如何调节字号，其字号都不能过小，至少应该保证观众能够看清楚每一个字。对于演示辅助类 PPT，文字大小要保证在演示现场最后一排的观众也能看清楚。

一般来说，在普通视图将页面缩放至 60% 后，在显示器对角线长度的距离外还能够看清楚就没什么问题。而对于文档报告类 PPT，则文字必须保证打印之后仍然能够舒服地阅读，所以字号最小要 10 磅。

标题字号的灵活处理

字号的大小能够决定版面的层级关系，字号大的文字能够更加吸引观看者的注意，但是并不是选择越大的字号就越好。

在设计 PPT 的过程中，字号的选择应该根据版面信息传达的需要而定，标题的字号一般选用较大的点数，这样便于和正文区分开来。

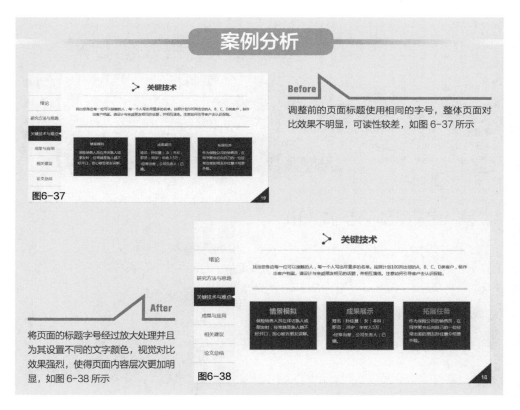

6.2.4 设置文字的距离

当 PPT 页面中的文字较多时，设置文字的距离也是非常重要的内容，它的目的在于传递信息的同时保证画面的协调性。文字之间的距离包括字距、行距和段距 3 种，只有合理地对文字之间的距离进行设置，才能够实现协调性与阅读的流畅性。

结合字体设置字号与字距

　　字号的大小决定着版面的层次关系。字距是指字与字之间的距离。字体面积越小，字距就越小；字体面积越大，字距就越大。当字号较小并且字体较粗时就应该适当加大字距以便于阅读，即使使用了相同的字号，不同字体的大小和间距也是有所差别的。

提示

　　文字疏松排列，能使观众能感受到自由的空间；文字之间不留间距，形成一体化的图形式风格，可形成新颖别致的版面效果。当然，字距不是固定不变的，应根据实际情况而定。

　　较粗的字体即使没有很大的字号，也能够引起观看者的注意；仅仅增加字距，也能够加强文本的注目度。因此，字号和字距的选择需要结合字体特点来考虑。

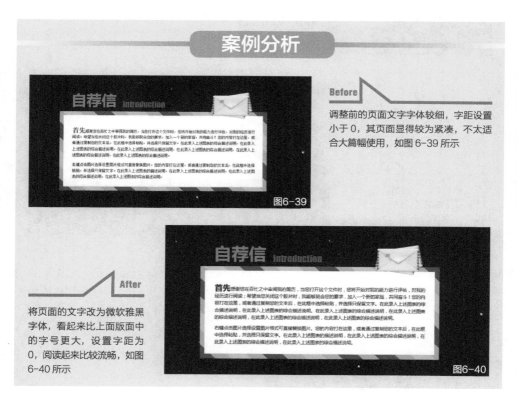

案例分析

Before
调整前的页面文字字体较细，字距设置小于 0，其页面显得较为紧凑，不太适合大篇幅使用，如图 6-39 所示

图6-39

After
将页面的文字改为微软雅黑字体，看起来比上面版面中的字号更大，设置字距为 0，阅读起来比较流畅，如图 6-40 所示

图6-40

结合字体设置行距

　　行距是指每两行文字之间的距离，行距的确定主要取决于文字内容的主要用途。当行距适当时，行与行之间的文字识别性高；当行距过小时，行与行之间的联系较为紧密，但是可读性也会相应降低。为了不影响阅读效率，通常行距不小于字高的 2/3，这样层级分类比较清晰。同时，正文的行距需要保持全文统一。

> **提示**
>
> 文本行距是一个容易忽视的方面，行距包括标题与标题之间、标题与正文之间、正文行与行之间等距离，选择合适的行距，既不拥挤，又不空旷。

案例分析

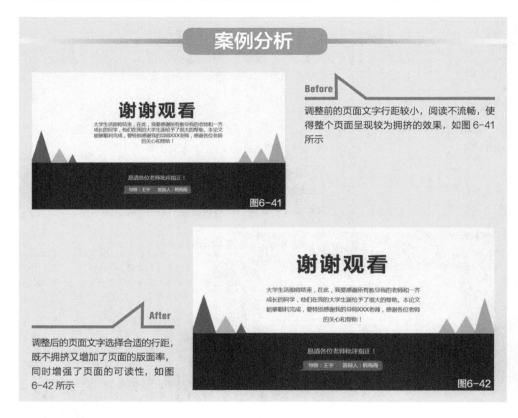

Before

调整前的页面文字行距较小，阅读不流畅，使得整个页面呈现较为拥挤的效果，如图 6-41 所示

After

调整后的页面文字选择合适的行距，既不拥挤又增加了页面的版面率，同时增强了页面的可读性，如图 6-42 所示

结合字体设置段距

段距是指段与段之间的距离，其中包括段前距离和段后距离，合理的段距可以让观看者明确地看出一段文字的结束与另一段文字的开始。在通常情况下，段距应该比行距更大一些。合理的段距还能够缓解阅读整篇文章带来的疲劳感。设置了段距的页面效果如图 6-43 所示。

该页面中的段落分段较为明显，并且距离相等，保持了段与段之间的联系，眼睛也有了一个放松的机会，整个页面层次清晰，阅读起来轻松流畅

6.2.5 分清主题，搞清主次

在 PPT 设计中，当页面文字较多时，要清楚页面的重点内容，这时可通过明显的字号变化和字体颜色的配合使用，来区分文本层级关系，这样能够使层次关系更加清晰，而且也增强了文字排版变化，使得页面更加美观，如图 6-44 所示。

页面中将标题文字进行放大并设置颜色，清楚地表达了页面内容的层级关系，同时也使页面更加美观

图6-44

提示

在设置字体颜色时，需要注意色彩的协调一致，区别过大会使某些文字过分突出，变成强调文字的作用，同时也要考虑与背景的对比，让文字更清晰地显示在屏幕上，避免页面的混乱和模糊不清。

6.3 文字内容的多样性

在 PPT 设计页面中，文字是一种视觉语言，主要表现在文字自身的内涵以及文字的外观造型上。文字对设计来说发挥着其他元素所不能够替代的作用，通过文字不同形式的呈现，能够有效地将信息传递出去，并且能够给人们带来视觉上的享受。

6.3.1 贺卡文字的呈现

贺卡一般是在节日中表示祝福的一种形式，如春节、圣诞节和情人节等。贺卡文字一般以喜庆、活泼为特点，最终以独特的形式呈现出来，在制作这类文字时要充分发挥自己的创意，设计出别具一格的贺卡文字，其页面效果如图 6-45 所示。

页面中将"2016"经过细心的处理的设计，增强了页面的可视化效果，瞬间吸引观看者的注意力

图6-45

6.3.2 艺术字的呈现

艺术字是指通过艺术加工的汉字变形字体，字体特点符合文字含义，具有美观有趣、易认易识且醒目张扬等特性，是一种具有图案意味或装饰意味的字体变形。在 PPT 页面的设

计中，使用艺术字也是丰富页面的一种方法，如图 6-46 所示。

图6-46

通过页面中艺术字的呈现，使得页面文字呈现被水龙头浇灌的效果，增强了页面文字的趣味性

6.3.3 图形化文字的呈现

文字除了能够起到解释说明的作用外，还能够转化为图形的角色，表现图形的效果，使得文字具有更强的表现力和艺术感。中文字体的图形化通常以书法字、拆分笔画和只显示文字局部 3 种方法来体现。

文字与图形之间存在着密不可分的依存关系。图形化文字的呈现首先就应该将文字视作图形处理，促进文字功能的变化；图形化文字不单单是信息的传递，更是一种视觉的载体，有着极强的审美功能与图形魅力。

书法字

在 PPT 页面的中，可使用书法字的形式将页面内容展现出来，一般书法字的文字应用在表现中国风的 PPT 页面中，与主题画面相融合的同时，强化了古典的中国味，页面效果如图 6-47 所示。

图6-47

该页面中使用了书法字体，除了起到解释说明的作用外，还具备强烈的形式感和图形感，与页面主题相融合

拆分笔画

在 PPT 页面的设计中，可将文字内容进行拆分，然后重新进行排列，形成较强的图形感，在版面中主要起到了装饰作用，使得页面具有强烈的图形感，整体错落有序，页面效果如图 6-48 所示。

图6-48

该页面中将文字的部分笔画进行拆分，形成强烈的图形感，在丰富版面内容的同时，起到了装饰页面的作用

提示

在 PPT 设计中使用拆分笔画进行设计时，需要注意的是，要在丰富页面文字形式的同时注意文本的可读性。如果最终设计的文字无法识别，那么就失去了文字最基本的意义。

局部显示

在 PPT 设计中，可通过将内容文字进行放大并裁切，然后只显示一部分，形成图形化的效果，突出文字，并保持了文字的辨识度，页面效果如图 6-49 所示。

图6-49

该页面中将"9"字进行放大并裁切处理，在清楚表达页面内容的同时增强了页面的趣味性

6.4 文字的版式

文字编排设计是指通过文字的合理安排和形式变化，从而实现良好的视觉信息传播与形式美的传达。文字的排列方式取决于人们的阅读方式与设计对象的表达需求。除了这些最基本的编排要求，还应做到形式与内容统一、主题突出，兼具趣味性与创意性等。

6.4.1 整齐易读是必需的

在 PPT 设计中，文字是任何页面的核心，也是视觉传达最直接的方式，文字的整齐是页面设计中最基本的要求。文字的编排可通过一定的对齐方式来确保整体的统一和阅读的方便，常用的对齐方式包括左对齐、右对齐、居中对齐和中心对齐等。

提示

在设计 PPT 的过程中，无论是哪种文字的排列方式，都要以页面整齐易读为前提，同时要根据文字的长短来选择合适的排列方式。

左对齐

　　左对齐是指让每一行的文字都统一在左侧的轴线上，右边可长可短。在 PPT 的设计中，左对齐的排列方法符合人们从左到右的阅读方式，空白处可以使阅读变得轻松，整齐中又有流动感，页面效果如图 6-50 所示。

图6-50

该页面文字应用了左对齐的排列方式，使页面整洁而具有整体感，统一而规整

右对齐

　　右对齐的不规则性增加了阅读的兴趣，在律动中富有变化，这种格式只适合文字较少的内容或文字不是用于阅读而是作为装饰时使用，页面效果如图 6-51 所示。

图6-51

该页面文字应用了右对齐的排列方式，改变了人们从左至右的视觉流程，增强了页面的形式感

左右对齐

　　左右对齐是文字排版中常见的一种格式，其页面内容从左至右两端长度相等，并且段落的顶部和底部也完全对齐，版面清晰有序，使大段文字整体排列，从而形成统一而稳定的页面效果，如图 6-52 所示。

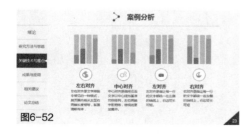

图6-52

该页面文字应用了左右对齐的方式，使大量的文字整齐排列，统一而稳定

中心对齐

　　中心对齐是指将页面文字以中心线为基准对称排列，左右两端字距相等，使视线更加集中，突出整体特征，很好地解决了版面僵硬、呆板的问题，制作出丰富生动的版面效果，如图 6-53 所示。

图6-53

该页面文字应用了中心对齐的排列方式，令视线集中，视觉效果较强，并产生了一定的图形感

6.4.2 运用对称

在 PPT 设计中，常常会选用最简单、最方便阅读的排版方式，而对称就是其中的一种，合理地将文本进行对称排列能够增强页面的整洁性。文字的对称方式主要分为两种，即左右对称和上下对称。

左右对称

左右对称是指环绕一个中心点或者轴心，两侧元素力量均等、平衡。对称均衡给人一种很正式而安定的感觉。

在 PPT 设计中，文字的左右对称具有空间上的组织美感，它能够使页面获得绝对的平衡，从而给人一种完美的视觉效果，如图 6-54 所示。

图6-54

该页面文字应用了左右对称的排列方式，使页面获得一定的平衡效果，统一而稳定

上下对称

上下对称是指将页面横直分为成上下两个部分，上下两侧元素均等。横向分割显得较为安静平和，略显呆板，但上下对称能够给页面一种和谐而稳定的视觉效果。在 PPT 设计中，文字的上下对称使得页面整齐而有秩序，如图 6-55 所示。

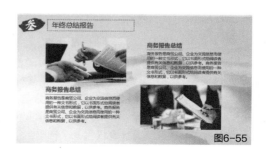

图6-55

该页面文字应用了上下对称的排列方式，页面内容丰富而整洁，不失页面的可读性与美观性

6.4.3 页面中的留白

留白是版面中未放置任何图文的空间，它是"虚"的特殊表现手法，其形式、大小和比例决定着版面的质量。在排版设计中，巧妙地留白，讲究空白之美，是为了更好地衬托主题，集中视线和打造页面的空间层次。

在 PPT 设计中，运用文字四周的适当留白来增强版面的空间感和品质感，在运用留白时要注意既要彰显意境美，又要使画面不会出现失重的现象，如图 6-56 所示。

图6-56

该页面在主题文字周围安排了大面积的留白，没有过多元素的干扰，使得整个版面显得开阔透气，给人以高端品质的感觉

6.4.4 优美的图文混排

图文混排是指文字和图形相辅相成，相映生辉，使版面秩序产生美感。在 PPT 设计中文字和图片能否恰当地组合在一起，更好地表达主题是设计排版成功的重点，处理好版面设计中的图文混排效果是版面设计成功与否的关键。

统一图片与文字的边线 ···•

在同一页面中的文字和图片应当是统一的，这里的统一并不是指版面中的所有元素都采用同样的编排形式，这样会使版面呆板无趣，应当在统一中有所变化，统一图文的边线就是一种有效的处理方法，如图 6-57 所示。

图6-57

该页面图片与说明性的文字都采用了左对齐的排列方式，体现版面的统一性，整个版面给人带来规范、整齐的视觉效果

合理地编排文字与图片的位置 ·······································•

在 PPT 页面设计中对图片和文字进行混合编排时，要注意两者之间的位置关系，尽量避免因为图片而影响到文字的可读性，图片的编排应当在方案视线流动的基础上进行，从而避免造成版面的混乱，破坏整体页面的视觉流程。

图6-58

Before

调整前，页面中的图片将文字从中间完全分隔开来，这样的编排方式破坏了文章的连续性，并且还用使观看者混淆文字内容的阅读流程，如图6-58所示

After

图6-59

对页面中的图片位置进行调整，将图片放到右上角的位置，与文字形成对角对称，稳定了版面，并保证了整篇文章的顺畅阅读，如图6-59所示

文字绕图的版式

为了保证图像和文字的各自独立，可以采用文字绕图的版式对图文进行排列，但图像与文字之间要保持一定的距离，以确保两者不会发生碰撞，从而实现在大段连贯文字间穿插图像的可能性，如图6-60所示。

图6-60

该页面运用了文字绕图的版式，图片与文本之间形成了一定的距离，图文各自独立地显示出来，表现了两者之间的关联性

6.5 专家支招

通过本章的学习，相信读者已经对 PPT 中文字的应用有了简单的认识与了解，接下来向读者解答处理文字时的两个常见问题。

6.5.1 文字与图片的颜色处理

在 PPT 页面设计中，除了图片本身的颜色外，文字的颜色同样也影响着版面整体的效果。在对图片进行搭配时，文字的颜色可以从图片中提取，使图文的联系更强，但不适宜大篇幅使用。

在一般情况下，页面中的文字颜色使用最多的是黑色，这是因为黑色属于无彩色，可以与任何有彩色和谐地搭配，同时黑色的可视性强，可以使阅读更加流畅。除了黑色以外，任何彩色都可作为文字的颜色使用，从而起到提示重点和活跃版面等作用，如图 6-61 所示。

图6-61

该页面中的正文字体选择了黑色，而标题文字选择与图片边框相呼应的红色，增强了图文关联，保证了整个版面的统一性

6.5.2 图文混排的注意事项

在 PPT 设计中，对页面中的图片和文字进行排列时，需要注意以下几点。

● 页面中若有文字是图片的说明，则二者距离不能太远。不同内容的图片和不同的字体有不同气质和风格，二者艺术风格相匹配能产生相得益彰的效果。

● 当页面中的图片较多时，要把图片排得规整一些，可以把图片处理成大小和外观一致，图片之间距离相等，组图的外边缘线为直线，形成丰富而有秩序的画面效果。反之若页面中的图片较少时，则可以对图片进行大胆设计，如运用变方向、立体化设计和特效制作等技法，形成版面内容丰富的效果。

● 若版面中的文字较多则要适当减弱文字之间的对比，追求文字的统一美感；反之文字较少则加大对比，提高版面的活跃度。

6.6 本章小结

本章主要对字体的选择、文字的优化处理、文字内容的多样性以文字的版式进行了详细的介绍。通过本章的学习，希望能够给读者提供一定的帮助，在以后的 PPT 设计中能够在清晰表达页面主题的前提下，美化页面。

第 **7** 章

表格与图表

在PPT设计中，表格和图表是幻灯片的基本内容。表格是一种简明、概要的表意方式，其结构严谨，效果直观，往往一张表格可以代替许多说明文字。而图表主要是用来展现数据，它能够将数据更加直观且清晰地表现出来。本章将对表格和图表的美化及应用进行详细的讲解。

7.1 表格的功能

表格是组织数据最有力的工具之一，它能够帮助观看者以易于理解的方式显示数字或者文本。在 PPT 设计中，可通过设置表格以及单元格的属性，对页面中的元素进行准确的定位，使页面在形式上更加丰富多彩。

7.1.1 该出现的时候出现

在 PPT 设计中，可能会有各种报表数据需要进行统计，例如日报表、周报表、月报表、季报表和年报表等，在对与数字有关的信息进行描述时，表格比文字更加清晰，因此表格应在表示大量数据时使用，如图 7-1 所示。

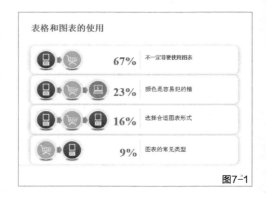

图7-1

页面中使用表格将各项数据表示出来，在表明数据的同时，使得页面更加整洁，表达更加清晰

在 PPT 设计中，当页面数据内容较少或所要表示的内容不适合使用表格时，就要果断地舍弃表格来对内容进行编排，否则会造成页面元素的单调与无趣，从而大大降低页面的美观性。这时可通过文字、图形和图示的方式对内容进行表达。因此表格的使用与否应根据具体的内容而决定。

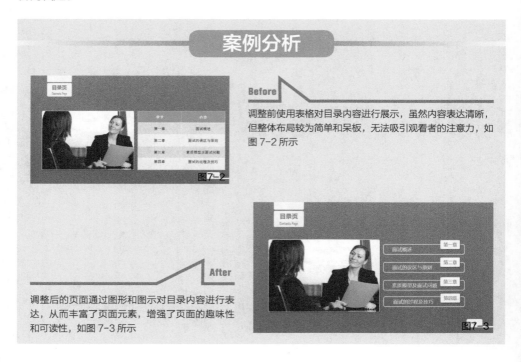

案例分析

Before

调整前使用表格对目录内容进行展示，虽然内容表达清晰，但整体布局较为简单和呆板，无法吸引观看者的注意力，如图 7-2 所示

图7-2

After

调整后的页面通过图形和图示对目录内容进行表达，从而丰富了页面元素，增强了页面的趣味性和可读性，如图 7-3 所示

图7-3

7.1.2 看起来不像表格

在 PPT 设计中使用表格时，要注意美化表格，在清楚表达数据的同时，使表格以更加美观的形式展现出来。下面介绍对表格进行美化和处理的几种方法。

提示

一个好的表格应该以易于理解、简单明了的方式传递大量的信息。真正的重点应该放在信息上，对表格的过度设计会抵消这种作用。从另一方面来说，巧妙的设计不仅可以使一个表格更具吸引力，还可以增加页面的可读性。

活用线型

在 PPT 设计中，表格也不是全部使用实线，可通过线型的灵活变换，使得页面表格以更加多样化的方式呈现出来，页面效果如图 7-4 所示。

图7-4

页面中表格的线型为虚线，使得表格外观更加活泼，在不降低页面内容可读性的同时，增强了页面的趣味性

活用线宽

在 PPT 设计中，可通过改变表格内部线条的粗细，从而改变表格的整体形象，可在重要层级的数据上设置边框或加粗，从而使得页面内容分布更加明显，在合理改变表格外观的同时增强了页面的可读性，页面效果如图 7-5 所示。

图7-5

页面中通过使用不同线宽来表示页面表格的内容，使得表格内容区分更加明显，整个页面更为活泼

活用色彩

对于一个表格而言，单一的表格颜色很容易让人感到枯燥，变色处理可以使表格看起来更加舒适。可为不同层次的数据设置不同的填充色，通过填充色进行突出强调，页面效果如图 7-6 所示。但在使用色彩时需要注意的是，填充色种类不能太多，否则会使页面显得较为花哨。

第7章 表格与图表

图7-6

页面中将表格通过隔行变色处理的方式，使得页面内容更加简洁和高效，虽然数据量大但仍然能保持很好的可读性

加个符号

在设计 PPT 表格时，可通过添加符号，使得表格内容更加清晰，从而将表格内容的先后顺序瞬间传达给观看者，在清楚表达内容的同时增强了页面的可读性，页面效果如图 7-7 所示。

图7-7

通过对页面内容排序，将内容的先后顺序表达得更加清晰，在丰富页面内容的同时增强表格的可读性

使用图标

图标是一种在表格设计中减少文字最常用的方法，同时图标也有帮助组织数据表格的作用，图 7-8 所示的表格就有效地使用了图标，使得表格页面整体看起来较为简洁，内容更加清晰明了。

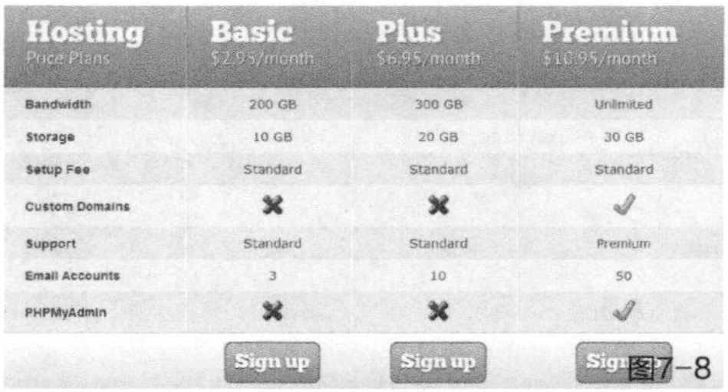

图7-8

页面中的对勾和错号代表该项是否具有该种功能，清楚地表达表格中各部分的内容，丰富了表格的形式，从而增强了页面的趣味性

文字换图片

在 PPT 设计中可将表格中的文字与图片相结合，使得页面内容更加形象地展现出来，通过使用这种方法能够有效地改变表格的外观。在制作时要充分发挥自己的创意，基本的原则就是不要守旧，设计的形象要令人印象深刻并且符合主题内容，也可根据内容选择具有代表性的图片进行展示，如图 7-9 所示。

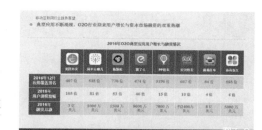

页面中表格内容与图片相结合，在清楚表达数据的同时更加直观地对页面内容进行展示，增强页面的趣味性以及可读性

移动互联网行业趋势展望

典型应用不断涌现，O2O行业迎来用户增长与资本市场融资的双重热潮

2016年O2O典型应用用户增长与融资情况

	美团外卖	周末去哪儿	[illegible]	饿了么	PP租车	贝贝特卖	嘀嘀打车	春雨医生
2016年12月应用覆盖排名	407位	535位	770位	474位	3196位	667位	64位	555位
2016年用户规模增幅	105倍	81倍	53倍	46倍	15倍	10倍	4倍	4倍
2016年融资总额	3亿美元	1000万美元	1500万美元	8000万美元	7000万美元	约2400万美元	8亿美元	5000万美元

图7-9

提示

在 PPT 的制作过程中，使用图片代替文字，提供了很好的可视化效果，但需要注意的是图片所代表的内容应当与文字意思相符，否则就失去了表格中内容所要表达的真正含义。

提示

在 PPT 中改变表格外观时，可通过以上几种方式的联合使用，达到最终的页面效果。

案例分析

图7-10

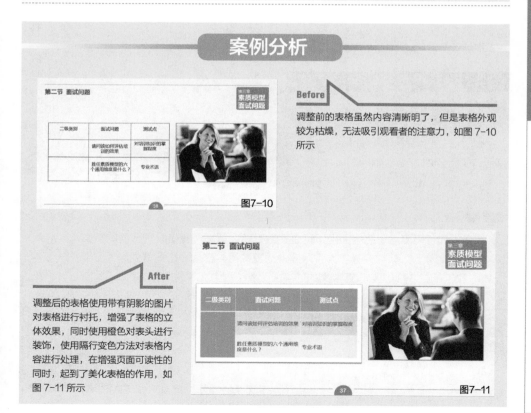

Before

调整前的表格虽然内容清晰明了，但是表格外观较为枯燥，无法吸引观看者的注意力，如图 7-10 所示

After

调整后的表格使用带有阴影的图片对表格进行衬托，增强了表格的立体效果，同时使用橙色对表头进行装饰，使用隔行变色方法对表格内容进行处理，在增强页面可读性的同时，起到了美化表格的作用，如图 7-11 所示

图7-11

7.2 搞懂表格的结构

在 PPT 中使用表格之前，首先要清楚表格的结构有哪些，只有清楚表格的结构，才能够在展示数据时对表格进行应用，一个完整的表格由单元格、行和列构成。根据观看者的目的和突出的信息不同，行、列和单元格都可以通过一些变化进行强调，这是将信息通过表格传达出去的最为根本的使用方式。

- 单元格：表格中容纳数据的基本单元叫单元格。
- 表格的行：表格中横向的所有单元格组成一行。
- 表格的列：竖向的单元格组成一列。

> **提示**
>
> 在 PPT 中使用表格时，通过对表格内容的行、列和单元格进行设置，从而增强页面的可读性以及美观性，在使用表格的行、列和表头时，需要注意的是在清晰表达页面数据的同时美化表格的外观。

7.2.1 使用行

在使用表格之前首先确定表格的整体结构。表格的结构取决于呈现数据的类型和复杂性。当表格包括多种属性时，可通过使用表格的行来表示各个属性，如图 7-12 所示。

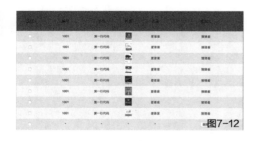

页面中主要使用行对表格的内容进行展示，通过对表格进行隔行变色的处理，增强行与行之间的区别，从而也增强了页面内容的可读性

■图7-12

合理的设置行高

表格中的行高是指表格里面上下行之间的距离。行高是表格非常重要的参数，行高直接影响着阅读的体验，有时会为了最大限度地放置数据内容，强化数据显示效果而降低行高，如图 7-13 所示，有时也会设置较高的行高从而放置更多文本信息，如图 7-14 所示。

页面中的表格为了更大限度地放置数据内容，从而降低了表格中的行高，使得页面内容以更加直观的方式展现出来

■图7-13

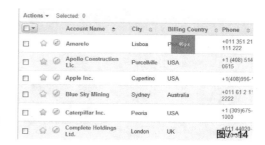

页面中的表格为了放置更多的文本信息，从而增加了表格中的行高，使得表格中的数据更加全面地展现出来

图7-14

条理的对齐

表格内的信息纵向列对齐，能够很好地形成视觉引导线，符合心理学中的相近原则，一般常见的是文本信息左对齐、数字左对齐、金额右对齐以及表格最右一列右对齐等，这样即使表格列之间没有分割线，也能有很好的分隔效果，如图 7-15 所示。

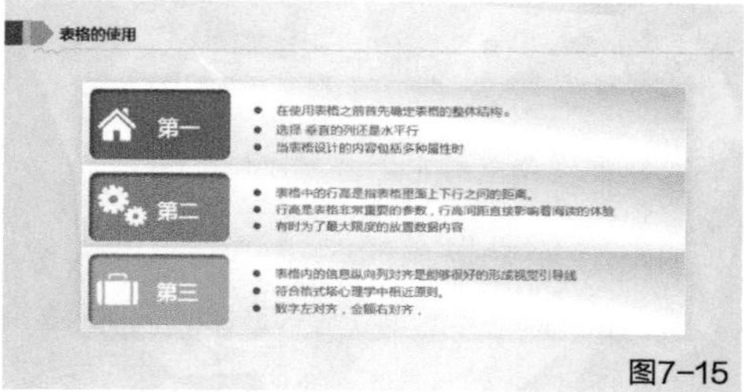

页面中的表格通过将内容左对齐的方式进行排列，即使没有分割线也有很好的分隔效果，在简化表格的同时也不失页面内容的可读性

图7-15

7.2.2 使用列

在 PPT 中使用表格时，如果信息包含多种变量，就可选择使用列来进行表示，如图 7-16 所示。页面中的表格线使得表格中的"列"更加分明，内容使用变化色表现也显得很生动且区分明显。

页面中主要使用表格列对内容各项进行分类，使用高亮的方式将表格中重点列进行突出，增强页面内容的重点效果

图7-16

7.2.3 使用表头

表头是指表格中的第一个单元格，表头设计应根据内容的不同有所分别，表头所列项目是分析结果时不可缺少的基本项目。

在 PPT 设计中，表头的设计能够清晰地将表格中的各项进行表示，如图 7-17 所示，从而增强表格内容的可读性。

页面中使用橙色突出表头，从而使各项内容更加明显，重点对表头内容进行突出显示

7.3 图表的常见类型

在 PPT 设计中，放在表格中的数据看起来很规整，但数据的大小并不直观，也很容易被看错，因此当遇到表格时，应积极尝试将之转化为数据一目了然的图表。 PowerPoint 内置的图表虽然繁多，但最常见的一般包括柱形图、饼图、条形图、折线图和面积图，下面分别对这几种图表进行详细的介绍。

在 PowerPoint 中，除了以上介绍的几种常用的图表类型外，还包括 X/Y（散点图）、股价图、曲面图和雷达图，读者可根据自己的实际需要对图表类型进行选择。

7.3.1 柱形图

柱形图通常用来比较离散的项目，可以描绘系列中的项目或是多个系列间的项目，最常用的布局是将信息类型放在横坐标轴上，将数值项放在纵坐标轴上。

强调

当使用柱形图表示产量数据时，需要注意的是，柱体之间的距离要小于柱体本身，并用颜色和阴影突出强调时间上的某一点，如图 7-18 所示。

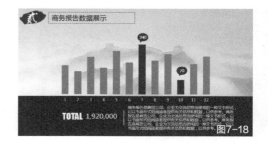

页面中使用不同颜色强调主题内容，从而展现了页面中的重点内容，使得页面数据更加清晰

在柱形图的制作中，为了避免图表过于拥挤，常常需要调整柱体的宽度，可在"设置数据系列格式"对话框中调整"分类间距"。

排列

当使用柱形图对同一项目不同地区进行对比时，由于这些柱体的底端都是对齐的，并常常需要按照大小顺序排列，因此在各个数据相差不大的情况下，仍能清晰地呈现其大小关系，如图 7-19 所示。

页面中使用柱形图将各个地区的电器销售量清晰地表达出来，并将它们进行从多到少的排列，增强页面数据的可读性

7.3.2 饼图

饼图主要用于显示数据系列中各个项目与项目总和之间的比例关系。如果只是表示一两个部分，直接使用饼图就非常合适，但如果部分太多，细小的部分会变得不易区分。饼图又可分为整圆和半圆两种类型。

整圆

在 PPT 设计中，当使用整圆饼图时，可通过对各部分进行分离、填充颜色或者添加其他特效让各部分之间的对比变得更加明显，如图 7-20 所示。

页面中使用饼图对各部分占总体的百分比进行表示，页面中每一个扇形表示不同的内容

半圆

在 PPT 设计中，除了使用整圆饼图表示各部分内容占总体的百分比外，还可通过半圆对数据进行表示。半圆饼图实际上也是饼图，半圆既能保持圆的印象，又能让大小顺序更明显，是新颖形式的不错选择，页面效果如图 7-21 所示。

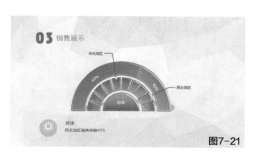

页面中使用半圆饼图展示各部分内容占总体内容的百分比，在清晰表达数据的情况下，吸引观看者的注意力

7.3.3 条形图

条形图实际上是顺时针旋转 90°的柱形图。条形图的优点是分类标签更便于阅读。不过与柱形图相比，条形图一般只表示数据的对比，而不表示数据随时间的变化。

条形图中数据的对比通常比柱形图更易识别，也更适合用于坐标轴标签很长的情况。条形图通常将数据按由大到小的顺序自上而下摆放，以便容易阅读，页面效果如图 7-22 所示。

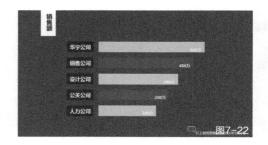

页面中使用条形图对各部分内容从大到小进行排列，便于人们对页面数据进行阅读和理解

7.3.4 折线图

折线图通常用来描绘连续的数据，这对标识趋势很有作用。折线图是一种最适合反映数据之间量变化快慢的图表类型。折线图页面效果如图 7-23 所示。

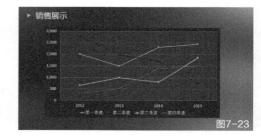

页面中通过折线图的使用，将不同年份内各个季度的销量进行展示，从而清晰地表明每年销售额度的上升与下降

提示

折线图的数据对比感没有柱形图强烈，但与柱形图相比，折线图有以下两个特点。
● 折线图表示的时间看起来是连续的，而柱形图表示的时间看起来则是离散的。因此，折线图随时间变化的属　性更明显，观看者不必看坐标轴就可以将其和时间变化对应起来。
● 折线图可以同时对比多组数据，例如不同公司本年度的业绩曲线；而堆积柱形图仅能对底端的数据和各组数据之和做到良好的对比。

7.3.5 面积图

面积图主要用来显示每个数据的变化量，它强调的是数据随时间变化的幅度，通过显示数据的总和直观地表达出整体和部分的关系，页面效果如图 7-24 所示。

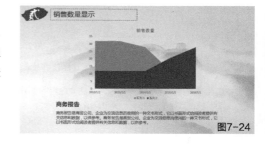

页面中使用面积图将不同年份内的销售数量展现出来，更加直观地展示系列的上升和下降趋势

提示

折线图与面积图可以等价，但对于多组数据的比较，面积图虽然可以用透明形式避免数据遮盖，但透明后视觉效果会大打折扣。而如果只是反映一组数据随时间的变化，面积图的视觉效果会更好些。

7.4 图表的作用

图表是用于展示数据的视觉化工具，它的作用是让数字所承载的信息变得简洁直观、一目了然，另外，样貌奇特的图表能够让人们对原本枯燥的数据充满好奇，获得更多的注意。

在PPT设计中，图表与主观、感性和信息密度小的图片相比，它的表现更为抽象、客观和理性，善于展示数据间的关联，因此图表不仅是呈现信息的工具，还是发现问题和解决问题的重要手段。

7.4.1 不一定非要使用图表

在制作PPT的过程中，图表虽然能够清晰地将数据内容进行展示，但也不要滥用图表，当要表示的数据内容较多时，就不需要使用图表进行展示，可通过说明文字、图示以及表格的方式进行展示，从而使得页面内容更加简洁，数据内容更加清晰。

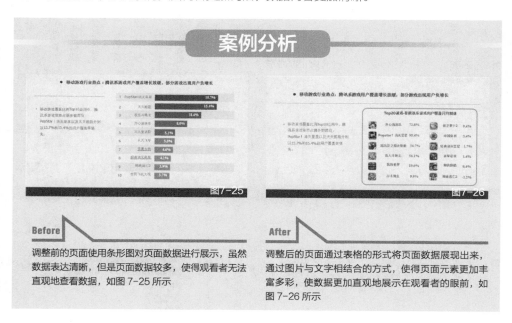

Before

调整前的页面使用条形图对页面数据进行展示，虽然数据表达清晰，但是页面数据较多，使得观看者无法直观地查看数据，如图7-25所示

After

调整后的页面通过表格的形式将页面数据展现出来，通过图片与文字相结合的方式，使得页面元素更加丰富多彩，使数据更加直观地展示在观看者的眼前，如图7-26所示

7.4.2 颜色是容易犯的错

信息图表中的颜色可以是丰富多样的，但如果主要作为 PPT 页面传播的信息图表，应该尽量避免使用一些过于刺眼的颜色，注意尽量不要使用 PowerPoint 中自带的图表配色方案。下面介绍几种常见的图表配色方案。

使用对比色

在设计 PPT 图表时，当要表示的内容为对比性较强的数据时，可使用两种反差较大的颜色，使得图表内容的对比更加明显，如经典的深蓝色和橙色，页面效果如图 7-27 所示。

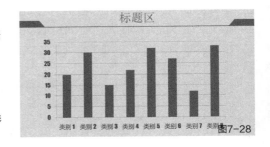

页面中使用不同的色彩对各项数据进行表示，从而使页面中的数据对比更加明显，清晰地将页面内容展示出来

同一种色彩

在设计 PPT 图表时，可使用一种颜色，这种颜色的设置一般使用在表示同一组数据的情况，如图 7-28 所示。

页面中使用同一种橙色为柱体的颜色，统一了页面的色彩效果，使得页面更加整洁

同一种色系

用一种色系是指使用同一种颜色的相似色。在 PPT 图表的设计中，当想要使用多种颜色，但又不知道配色理论时，可以在一个图表内使用同一种颜色不同深浅或明暗的颜色，如图 7-29 所示。使用这样的方法可以丰富页面的色彩，这里需要注意的是相似颜色的亮度和深度要有一定的差别。

页面中的图表以不同深浅的蓝色进行展示，在展示数据的同时，增强了页面的层次感在 PPT 中使用图表并对其进行配色时，需要注意的是根据所要表达数据内容的形式进行配色，合理地使用图表颜色不仅能够丰富页面色彩，还能够有效地对重点数据进行展示。

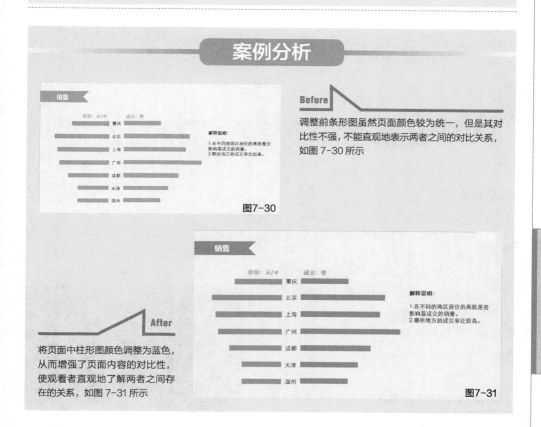

调整前条形图虽然页面颜色较为统一，但是其对比性不强，不能直观地表示两者之间的对比关系，如图 7-30 所示

图7-30

将页面中柱形图颜色调整为蓝色，从而增强了页面内容的对比性，使观看者直观地了解两者之间存在的关系，如图 7-31 所示

图7-31

7.4.3 选择合适的图表形式

图表是用来表现数据和传递信息的一种方式，其中很重要的一个环节是如何根据应用场景选择合适并且有效的图表类型，如果图表类型不合适，再漂亮的图表也是无效的。

在选择图表形式之前，首先我们要对数据进行分析，明确需要表达的信息和主题。然后根据这个信息的数据关系，选择使用何种类型的图表以及决定要对图表作何种特别处理。图表的使用形式基本分为以下几种。

成分对比关系

成分关系对比是指总数百分比，当用户的主题中包括份额、总数百分比和占百分比多少等字样时，就表示用户要做一个成分对比关系图表。

成分对比关系可以使用饼图来展示，由于一个圆可以给人一个整体的印象，因此饼图适合表示一个整体以及它的每个部分占整体的百分比，如图 7-32 所示。

图7-32

页面中使用饼图表示成分对比关系，清晰地表明每个内容
占总体的百分比，直观地展示数据内容

提示

饼状图在表明整体各部分的比例时，比条形和柱状图清晰，但是当需要比较两部分整体的成分
时，选择条形图和柱状图比较适合。

项类对比关系

项类对比是指比较项类的大小和高低，例如它们是相同的还是比其他项类多或是少。在
设计 PPT 的过程中，当用户的主题中包括大于、小于或相同之类的词汇时，就表示用户要
做一个项类对比关系的图表。

项类对比关系可以用一个柱形图表来展示，垂直尺度实际上不是一个刻度尺，而是项类，
如国家、行业、公司、销售员和日期等，在设
计时可根据实际情况安排柱形图表。柱形图表
能够突出需要引起用户注意的部分，如图 7-33
所示。

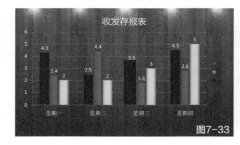

图7-33

页面中使用柱形图表示每个项目之间的收发率，在清晰表达
数据的同时，还能够使每个项目之间的对比关系一目了然

提示

在制作项类对比关系的条形图时，需要注意以下两点。
- 确定划分条形的空间要小于柱形的宽度，对需要强调的部分使用对比性很强的颜色或阴影。
- 确定数值时使用顶上的刻度尺或使用柱形图表的底部数字，两者不可同时使用，否则容易造
成混乱。

时间序列对比关系

时间序列对比关系是我们熟悉的对比关系之一，在一般情况下观看者会随着时间的变化
而对数据内容感兴趣。当用户的主题中包含时间序列的对比关系词时，例如变化、增长、下降、
减少和波动等，就表示用户需要做一个时间序列对比关系的图表。时间序列对比关系可以用
柱形图表和折线图表来表示。

提示

成分对比关系和项类对比关系表明在事件的某一点上的相互关系，而时间序列对比关系则表明随时间的变化而变化的关系。

● 柱形图。柱形图注重程度和数量，适合表示在一个时间段内的活动数据，每一个阶段都是一个新的柱体，如图 7-34 所示。

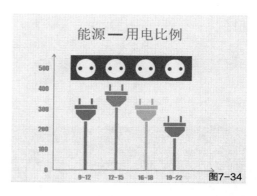

页面中使用电源插座形象地表示在不同时间内的用电数量，与主题内容相呼应，增强了页面的趣味性

● 折线图。折线图是图表中使用最多的一种，它不仅简单易画，而且能够清楚地表现上升、下降、波动或维持原状的趋势，如图 7-35 所示。

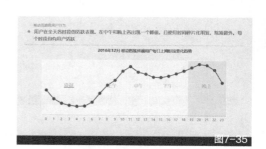

页面中使用折线图表明了在不同时间段内的上网趋势，清楚地表明了页面数据的上升与下降趋势

频率分布对比关系

频率分布对比关系表明有多少项符合一个数字发展的范围，例如用一个频率分布对比关系表明在 5 月份，多少人的销售额在 1000 元 ~2000 元之间。当用户的主题中包含 X 到 Y 的范围、密度、频率和分布等词汇时，就表示用户要做一个频率分布对比关系图。

频率分布可通过柱形图或折线图来表现，当比较范围数量比较少时，可以使用柱形图，如图 7-36 所示；当数量较多时，则使用折线图，如图 7-37 所示。

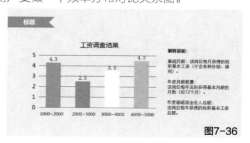

页面中使用柱形图对不同销售额范围内的人数进行分析，清楚地将各部分的分布情况展现出来

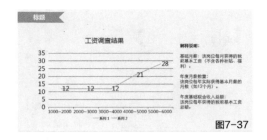

图7-37

页面中使用折线图表现不同销售额范围内的人数,将数据内容的上升和下降趋势全面地展示出来

相关性对比关系 ●

　　相关性对比关系表示多个变量之间的关系符合或不符合某种模式,如可以表明了销售额随着打折幅度的增加而增长。当用户的主题中包含与……有关、随……增长、根据……变化等词汇时,就表示用户需要做一个相关性对比关系的图表。相关性对比关系可使用折线图表表示,其页面效果如图 7-38 所示。

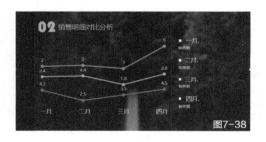

图7-38

页面中使用折线图将各部分内容在相同时间段内的不同销售数量进行对比,清楚地将各部分内容的对比关系展示出来

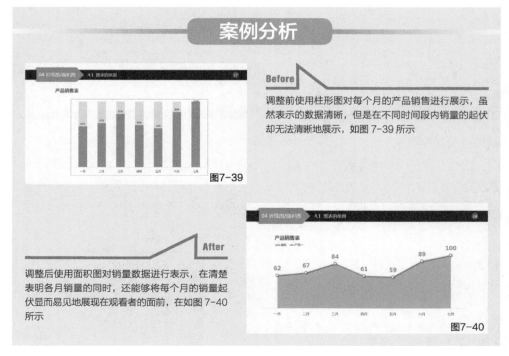

Before

调整前使用柱形图对每个月的产品销售进行展示,虽然表示的数据清晰,但是在不同时间段内销量的起伏却无法清晰地展示,如图 7-39 所示

图7-39

After

调整后使用面积图对销量数据进行表示,在清楚表明各月销量的同时,还能够将每个月的销量起伏显而易见地展现在观看者的面前,在如图 7-40 所示

图7-40

7.5 如何让图表更加美观

在 PPT 设计中，使用图表能够清楚地将页面中的数据展现在观看者的面前，那么如何在保持图表可读性的同时使图表外观更加美观呢？下面简单介绍几种优化图表的方法。

7.5.1 简化图表

将表格转化为合适的图表后，还要依据"信噪比"最大原则对图表进行简化，去除干扰图表阅读的多余元素，更清楚地呈现核心的数据信息。也就是说删除那些与图表无关的网格线、背景和项目说明等，保持图表自身整洁干净，如图 7-41 所示。

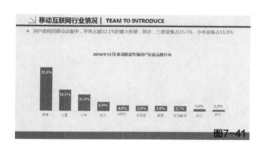

图7-41

页面中使用柱形图来表示各手机品牌的使用率，将柱形图的网格线删除，在保持图表整洁性的同时又不失可读性

提示

信噪比是指 PPT 上相关内容与无关内容的比率，在 PPT 制作中，将信噪比最大化是我们努力的方向。信噪比大的 PPT 能防止观众被那些次要或无用的元素分散注意力，让观看者更专注于图表要表达的中心内容。

在 PPT 的制作过程中，当图表元素没有存在的必要时就要果断删除，通过简化图表，进一步提高信噪比。对于一般图表，可从以下 3 个方面进行简化。

● 简化网格和坐标轴。坐标轴上的数据不要显得拥挤，网格不要太过密集，网格的颜色要尽量淡一些。可通过双击坐标轴，在弹出的"设置坐标轴格式"对话框中对坐标轴的属性进行更改。

● 删除次要数据。没有必要将每组数据都标出来，只需让观众清楚所要表达的含义即可。如果是文档型 PPT，把数据全都标出也未尝不可，如果必须要注明的数据过多，那就用表格表示数据。

● 避免使用 3D 效果。3D 图表虽然看起来比较华丽，但 3D 效果会大大降低图表的易读性。简单的图表只要注意配色就可以很漂亮，必要时可以适当添加渐变、倒影或者阴影效果，如图 7-42 所示。

图7-42

页面中使用饼图对页面数据进行分析，使用简单的填充色区分每个扇形的百分比，整个页面干净整洁

7.5.2 统一图表

一个 PPT 页面中尽量只放置一个图表，为文字描述留出足够的空间，用颜色对比强调重要数据或进行数据分组。如果放置多个图表，简化图表并保持图表的风格统一，当然别忘了令它们对齐。

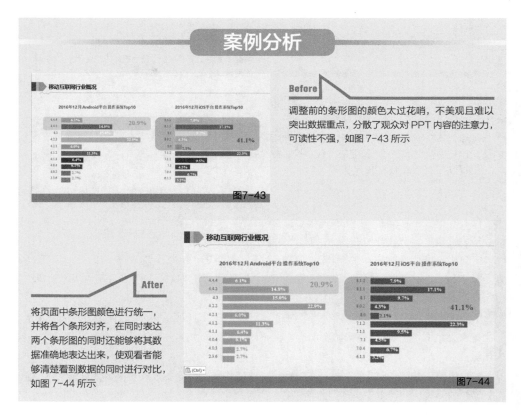

图7-43

调整前的条形图的颜色太过花哨，不美观且难以突出数据重点，分散了观众对 PPT 内容的注意力，可读性不强，如图 7-43 所示

将页面中条形图颜色进行统一，并将各个条形对齐，在同时表达两个条形图的同时还能够将其数据准确地表达出来，使观看者能够清楚看到数据的同时进行对比，如图 7-44 所示

图7-44

7.5.3 美化图表

经过简化的图表言简意赅，但也容易刻板、枯燥，这时，可以通过美化让图表变得生动有趣。图表的美化方法大致可分为 3 种，分别为填充形象化、轮廓形象化及添加额外的装饰元素。

填充形象化

填充形象化就是使用图片对图表中的数据对象进行填充。例如，柱形图中可使用图片来代表柱体，从而使各部分内容更加形象地展现出来，在清楚表达数据的同时，增强页面的趣味性，如图 7-45 所示。

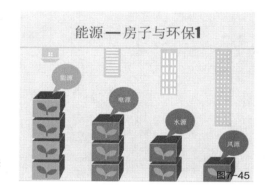

图7-45

页面中使用图片对柱体内容进行罗列和美化，在清楚表达页面数据的同时，增强了图表的趣味性

 提示

当需要为图表中的数据对象进行填充时，可选择一个柱体，双击进入"设置数据系列格式"对话框中，在"填充"选项卡中选择"图片或纹理填充"，选择要填充的图片文件，即可将图片应用到柱体中。

轮廓形象化

轮廓形象化就是通过赋予图表形象化的轮廓对图表进行美化。与图形填充相比，这种美化方法形式更新颖，如图 7-46 所示。

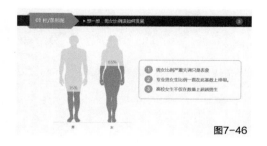

图7-46

页面中以男女的人物轮廓分别代表各自的柱体，形象地对页面内容进行展示，增强了页面的趣味性，加深了观看者对页面内容的印象

● 打开 PowerPoint，单击"插入"选项卡下"图"表命令，选择相应的图表类型，如图 7-47 所示。单击"确定"按钮，在弹出的表格中输入相应的数据内容，如图 7-48 所示。

● 输入数据后，单击"关闭"按钮，其页面效果如图 7-49 所示。选中图表，单击"图表元素"按钮，在弹出的下拉菜单中选择相应选项，如图 7-50 所示。

图7-47

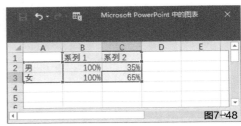

图7-48

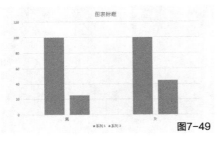

图7-49

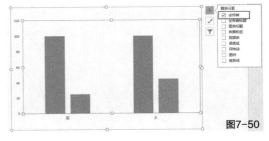

图7-50

● 选择一个柱体，双击进入"设置数据系列格式"对话框中，在"系列选项"选项卡中设置相应参数，如图 7-51 所示。单击"填充与线条"按钮，在对话框中选择"图片或纹理填充"单选按钮，如图 7-52 所示。

图7-51

图7-52

● 在弹出的"插入图片"对话框中选择相应的图片，如图7-53所示。其页面效果如图7-54所示。

图7-53

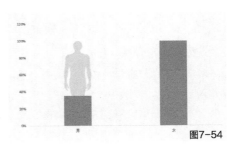

图7-54

● 使用相同的方法完成其他柱体的填充，如图 7-55 所示。在页面中添加其他元素，最终页面效果如图 7-56 所示。

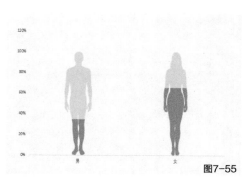

图7-55

图7-56

提示 在设置柱体填充的时候，如果发现人物剪影长宽不一致，可通过调整"分类间距大小"，使得人物剪影长宽保持一致。

添加额外修饰

添加额外修饰是在不改变原有图表形貌的基础上，通过添加背景图片或者插图来美化图表，使图表的数据更加直观地展现出来，如图 7-57 所示。

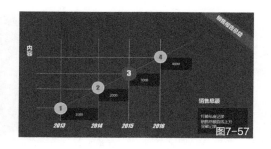

图7-57

页面中通过使用圆和箭头对数据进行装饰，从而更加直观地表明随着年份的增长销售总额不断上升的趋势

7.6 获取图表

在制作 PPT 的过程中首先要将数据转化为直观的图表，然后对图表进行简化，最后说明图表的中心观点。那么图表如何而来？下面介绍获取 PPT 图表的几种方法。

7.6.1 PowerPoint 自带图表

在 PowerPoint 中，插入图表的方法共有两种，一种是在 Excel 中生成图表并进行复制，然后粘贴到 PowerPoint 中；另一种是通过"插入"选项卡下的"图表"选项，快速创建多种常用的图表，如图 7-58 所示。

图7-58

　　图表插入后，会自动打开编辑图表数据的 Excel 窗口，如图 7-59 所示。窗口中，蓝色的框线为图表中显示的数据，拖动蓝色框线即可将新的数据系列或类别显示到图表中，或者从图表中将该数据系列的图形删除。

图7-59

　　数据输入完毕后，直接关闭 Excel 窗口即可。需要再次修改数据时，只需选中该图表，在"图表工具"的"设计"选项卡中，单击"编辑数据"按钮即可重新打开 Excel 窗口，如图 7-60 所示。也可选中图表，单击鼠标右键，在弹出的快捷菜单中选择"编辑数据"选项，打开 Excel 窗口。

图7-60

7.6.2 获得外部图表

　　在制作 PPT 的过程中，使用外部图表能够提高用户的制作效率，同时也能够增强 PPT 数据的表现力。图表的类型较为广泛，除了 PowerPoint 中自带的图表样式外，还可通过以下几种方法获取。

- 在各大优秀的素材网站购买。
- 通过 Illustrator 等优秀的软件绘制图表。
- 通过互联网寻找一些免费的图表素材。

7.6.3 使用 Illustrator 创建图表

Illustrator 提供了强大的图表功能和丰富的图表类型，可以使用户方便、快捷地创建出精美的图表对象，如图 7-61 所示。

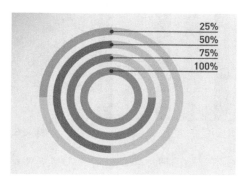
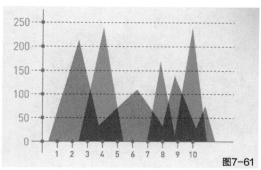

图7-61

提示

图表能够直观地反映各种统计数据的比较结果，在工作中的应用非常广泛。在 Illustrator 中可以创建不同类型的图表，包括柱形图表、条形图表、折线图表、面积图表、散点图表和饼状图表。

- 打开 Illustrator，执行"文件 > 新建"命令，在"新建文档"对话框中设置参数，如图 7-62 所示。单击工具箱中的"柱形图工具"按钮，将鼠标指针移至画板中，按住左键不放拖动出一个矩形框，松开鼠标左键即会弹出"数据图表"对话框，该对话框用于输入图表的数据，如图 7-63 所示。

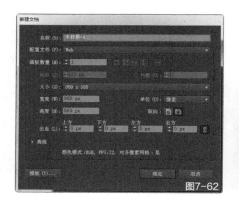

图7-62

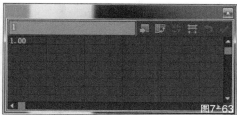

图7-63

● 在表格中输入相应的数据，如图 7-64 所示。单击"数据图表"对话框中的"应用"按钮，可以看到图表的变化。单击"数据图表"对话框右上角的"关闭"按钮将其关闭，柱形图效果如图 7-65 所示。

图7-64

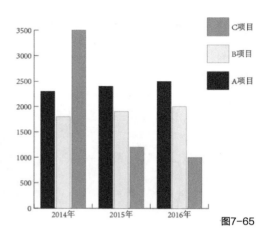

图7-65

● 单击工具箱中的"编组选择工具"按钮，在黑色的数值轴上单击鼠标左键 3 次，将其黑色数值轴全部选中。设置其"填色"颜色值为 RGB（230,0,18），如图 7-66 所示。使用相同的方法为其他数值轴设置颜色，如图 7-67 所示。

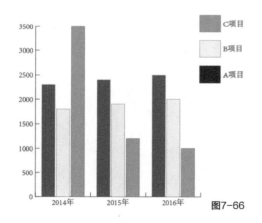

图7-66

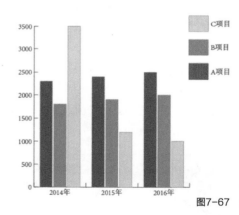

图7-67

● 执行"对象 > 图表 > 类型"命令，弹出"图表类型"对话框，在该对话框中设置各选项，如图 7-68 所示。设置完成后的图表效果如图 7-69 所示。

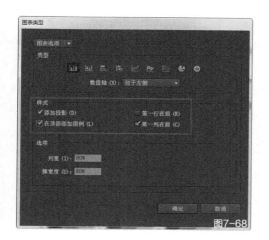

图7-68

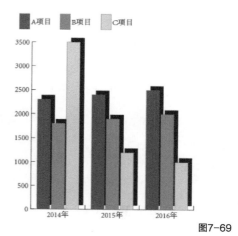

图7-69

提示

如果要更改示例图表的数据，可以单击工具箱中的"选择工具"按钮，将鼠标指针移至画板中选中整个图表，执行"对象 > 图表 > 数据"命令，在弹出的"数据图表"对话框中进行修改即可。

7.7 专家支招

通过本章的学习，相信读者已经对图表与表格的应用有了一定的了解和认识，下面简单总结在使用图表时需要遵循的基本原则以及美化图表的其他方式。

7.7.1 制作图表三项基本原则

图表也是一种语言表达形式，其"语法"包括字号、字体、字距、空白、线条、色彩和构架等。为提高图表的可读性和视觉效果，图表的使用和制作应力求用最少的篇幅来直接而快速地讲述内容，遵循必要、准确、简洁和清楚的原则。

选择合适的表达形式

对于表格或图表的选择，应根据数据表达的需要而定。表格的优点是可以方便地列举大量精确数据或资料，图表则可以直观、有效地表达复杂数据。因此，如果强调展示给观看者精确的数值，就采用表格形式；如果要强调展示数据的分布特征或变化趋势，则宜采用图表方法。在制作过程中，一定要避免以图表和表格的形式重复表述同样的数据。

形式尽量简洁 ···●

　　明确图表所要阐述的问题，在图题、图注或图内直接回答这些问题，或者在正文中通过提供更多的背景而间接地回答这些问题，复杂的图表尽量安排到 PPT 页面的尾部，以便观看者在有一些相关知识的基础上理解。

表述尽量直白 ···●

　　每个图表或表格都应该具有自明性或相对独立，图表中的各项资料应清楚并且完整，以便观看者在不读正文情况下也能够理解图表中所表达的内容。图表中各组元素的安排要使得所表述的数据或论点一目了然，例如术语名称、曲线、数据或首字母缩写词等，避免页面中出现堆积过多令人分心的细节，从而造成图表理解上的困难。

7.7.2 改变图表外形

　　美化图表除了以上介绍的几种方法外，还可通过改变图表的外形增强图表的表现力，例如将柱形图的柱体改变为三角形，方法很简单，只要在旁边插入一个三角形，然后复制这个三角形，再选中图表中的柱体进行粘贴即可，其页面效果如图 7-70 所示。

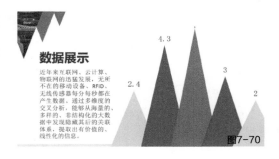

图7-70

页面中使用三角形代表柱形图中的各个柱体，使得页面效果新颖且与众不同，同时还不失页面的可读性

7.8 本章小结

　　本章主要对表格的功能、表格的结构、图表的作用、图表的常见类型、图表的美化以及获取图表的方法进行了详细的讲解，在使用图表时要注意根据数据的表现形式选择合适的图表类型，希望通过本章的学习，能够给读者在制作 PPT 的过程中提供一定的帮助。

第 **8** 章

了解PowerPoint

在前面的章节中主要对PPT的设计进行了详细的介绍，在制作PPT的过程中除了拥有独一无二的设计理念外，熟练掌握PowerPoint的使用方法也是十分重要的，本章将对PowerPoint的使用方法进行详细的讲解。

8.1 关于 PowerPoint

PowerPoint 是 Microsoft Office 软件包的组成部分之一，是制作和演示幻灯片的软件，能够制作出集文字、图形、图像、声音以及视频剪辑等多媒体元素于一体的演示文稿，把自己所要表达的信息组织在一组图文并茂的画面中，用于介绍公司的产品以及展示自己的学术成果等的一种方式。

8.2 PowerPoint 的基本操作

在掌握 PowerPoint 的基本操作时，首先对 PowerPoint 的启动和退出以及窗口、工具和视图等基本操作进行简单的了解。

8.2.1 PowerPoint 的启动

当要使用和处理演示文稿时，首先要启动 PowerPoint，进入演示文稿的处理环境，启动 PowerPoint 的方式可分为以下 3 种。

- 从开始菜单中启动。
- 利用快捷方式启动。
- 直接从文件中启动。

8.2.2 了解工作界面

打开 PowerPoint 后，选中一种建立演示文稿的方式并单击"确定"按钮后，即可进入到 PowerPoint 的工作界面，PowerPoint 的工作界面由标题栏、菜单栏、工具栏、文档窗口和状态栏组成，如图 8-1 所示。

图8-1

● 标题栏。标题栏位于窗口顶端，其中包括控制自定义快速访问工作区、程序名称、演示文稿名称、最小化按钮、最大化按钮和关闭按钮。

● 菜单栏。菜单栏位于标题栏下方，包括 PowerPoint 操作过程中的各种命令。

● 工具栏。工具栏中的命令按钮是经过组织的菜单命令，它用形象的图形表示 Power-Point 的常用菜单命令，为用户提供了一种比较简单的操作方式。

● 文档窗口。编辑幻灯片的工作区，用于显示用户制作的幻灯片效果。

● 视图切换按钮。使用视图切换按钮，可以在各种视图之间进行切换。PowerPoint 时进入演示文稿的普通视图。

● 状态栏。状态栏位于 PowerPoint 窗口的最下方。状态栏左部显示演示文稿当前的视图，当演示文稿处于幻灯片视图时，还显示当前演示文稿中的幻灯片总数及当前幻灯片的编号；右部显示当前演示文稿所采用模板的名字。

8.2.3 掌握视图模式

PowerPoint 的视图一般分为 5 种，分别为普通视图、幻灯片视图、大纲视图，备注页视图和阅读视图。

● 普通视图。一般在打开 PowerPoint 之后，默认为普通视图方式，该视图将大纲、备注页、幻灯片 3 个视图方式集中在一个视图中，不但能够输入和编辑文本，而且还可以输入备注信息，编辑幻灯片，对一些图片进行处理等，如图 8-2 所示。

● 幻灯片视图。幻灯片视图的整个窗口被幻灯片的编辑窗口所占满，左边按顺序排列各张幻灯片的编号如图 8-3 所示。幻灯片视图便于详细设计和装饰整个幻灯片，例如输入标题，插入图片和配色等。

图8-2

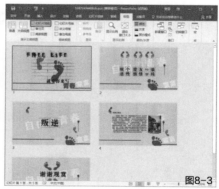
图8-3

● 大纲视图。大纲视图与普通视图相类似，只是它将大纲窗口作为主要编辑窗口，幻灯片与备注区缩小一定比例显示，如图 8-4 所示。

● 备注页视图。备注页视图用于输入和编辑作者的备注信息，如图 8-5 所示。当然用户也可在普通视图中输入备注文字。

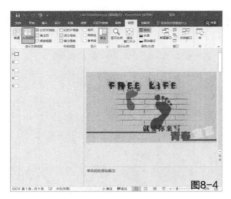

图8-4 图8-5

● 阅读视图。进入阅读视图后，幻灯片会全屏进行展示，这时通过鼠标单击的方式进行播放，当幻灯片播放完毕后，单击鼠标退出阅读视图，也可通过按 ESC 键退出阅读视图，如图 8-6 所示。

图8-6

8.2.4 创建文稿

当启动 PowerPoint 时，首先进入启动对话框，可通过 3 种方法创建演示文稿，除此之外，还可利用 PowerPoint 窗口"文件"菜单的"新建命令"来创建新的演示文稿。

● 利用"内容提示向导"创建新演示文稿，如图 8-7 所示。

图8-7

● 利用"设计模板"创建新演示文稿。Power-Point 具有丰富的模板功能，利用提供的某个模板来自动快速生成幻灯片，从而可以更加轻松地创建演示文稿，如图 8-8 所示。

图8-8

● 利用"空演示文稿"创建新演示文稿。为了创建具有自己风格和特色并且符合自己需要的演示文稿，一般都通过创建空白演示文稿的方式设计演示文稿。

8.2.5 编辑幻灯片

幻灯片是演示文稿的组成元素，多张不同的幻灯片构成具有不同内容风格的演示文稿。处理演示文稿中的幻灯片是完成一份演示文稿的关键。编辑幻灯片是指对幻灯片进行插入、删除、移动和复制等操作。

提示

插入和删除幻灯片可以在任意视图中进行，移动和复制幻灯片则一般在大纲视图和幻灯片视图中进行。

选择幻灯片。在执行编辑幻灯片命令之前，首先要选择命令作用的范围，不同的视图，选择幻灯片的方式也不尽相同。

● 选择幻灯片。

在幻灯片视图和备注页视图中，当前显示的幻灯片即是被选中的，不必单击它。在大纲视图中，如果想要选择某一张幻灯片，单击它面前的幻灯片编号或图标即可，如图8-9所示

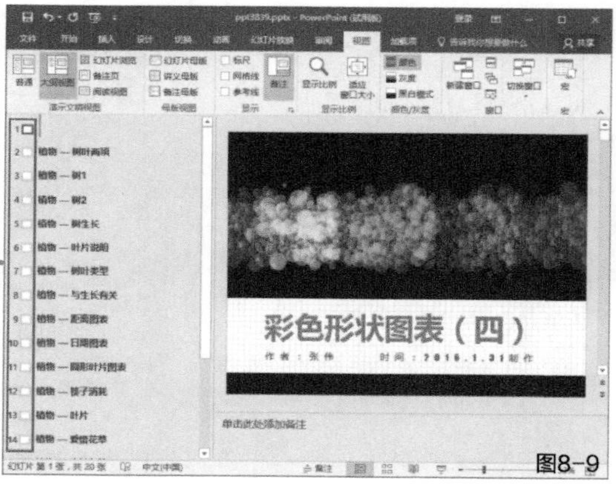

● 插入幻灯片。

标题幻灯片是幻灯片自动版式之一，在标题幻灯片编辑之后再编辑其他幻灯片，就需要追加新的幻灯片，插入的新幻灯片应当在当前幻灯片之后，如图8-10所示

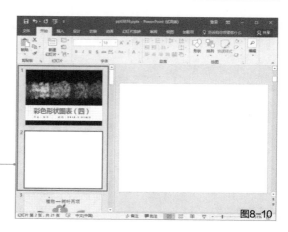

图8-9

图8-10

● 删除幻灯片。

在制作演示文稿时，有
些幻灯片编辑错误或不
合适时，则需要删除该
幻灯片。在选中该幻灯
片的情况下单击鼠标右
键，在弹出的快捷菜单
中选择"删除幻灯片"
选项，如图8-11所示，
即可删除该张幻灯片，
也还可直接按Delete键
删除

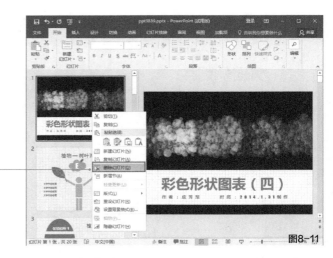

图8-11

● 复制幻灯片。

在选中该幻灯片的情况
下单击鼠标右键，在弹
出的快捷菜单中选择"
复制幻灯片"选项，如
图8-12所示，即可复制
该张幻灯片，也可使用
快捷键Ctrl+C进行复制

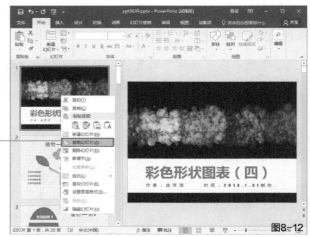

图8-12

● 隐藏幻灯片。

在选中该幻灯片的情况
下单击鼠标右键，在弹
出的快捷菜单中选择"
隐藏幻灯片"选项，如
图8-13所示，即可隐藏
该张幻灯片

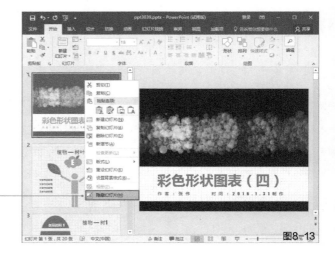

图8-13

8.3 PowerPoint 的高级编辑

在幻灯片中不但可以插入表格和图片，而且可以在幻灯片中插入图表、绘制图形、插入艺术字以及组织结构图等其他对象。这些操作均可通过"插入"选项卡实现，如图 8-14 所示。

图8-14

8.3.1 插入图表

在演示文稿中常常会用到图表，以更直观地表达信息。当用户需要制作一张图表幻灯片时，可以利用图表自动版式制作一张新幻灯片，或者将图表插入到已有的幻灯片中，可通过"插入图表"对话框根据自己的需要选择合适的图表类型，如图 8-15 所示。可通过修改图表数据，格式化图表中的数据系列，如图 8-16 所示。

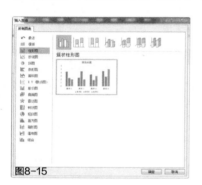

图8-15

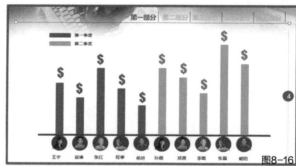

图8-16

> 提示
>
> 所谓图表，是指根据表格数据绘制的图形。PowerPoint 和其他 Microsoft Office 软件一样提供了种类繁多的图表类型，用户可以根据需要选择相应的图表类型。

8.3.2 插入图片

在一份优秀的演示文稿中，如果全是文本就会给人一种呆板无趣的感觉，为了使演示文稿更具有说服力和吸引力，适当地插入图片是最有效的方法之一。

向幻灯片中添加图片

当用户创建新的演示文稿或幻灯片时，可以插入 Microsoft Office 剪辑库中的图片，也可插入其他程序中创建的图片。

● 从图形文件中插入图片。在 PowerPoint 中可以从其他图形文件中插入图片，从而使用户的演示文稿更加生动，如图 8-17 所示。

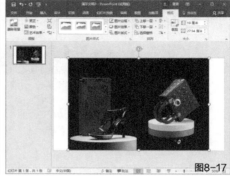
图8-17

● 插入相册。用户可通过"相册"对话框，根据自己的需要将多张照片直接创建为相册，如图 8-18 所示。

图8-18

● 插入组织结构图。可通过"选择 SmartArt 图形"对话根据自己的需要选择合适的结构流程图，从而使演示文稿关系更加明确，组织更加清晰，如图 8-19 所示。

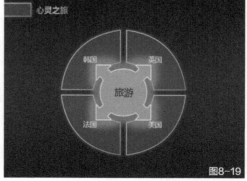
图8-19

● 插入艺术字。可通过执行"插入 > 艺术字"命令，为文字选择合适的艺术字效果，如图 8-20 所示。

藏在心底那份蠢蠢欲动—— 旅行

林敏版权

旅行吧

兄弟

来一场说走就走的旅行

旅行，不忘初心

做最真的自己

图8-20

向绘制自选图形

PowerPoint 中内置了很多形状，用户可根据自己的需要灵活地自定义形状，页面效果如图 8-21 所示。

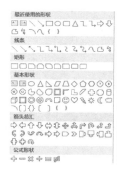

图8-21

> **提示**
>
> 如果想做一个矩形，只需要选中"插入"选项卡"形状"下的"矩形"工具，然后在 PPT 中拖动鼠标就可以了。如果拖动的同时按住 Shift 键，就会得到一个正方形。同样地，选择"椭圆"工具后按住 Shift 键拖动会得到圆。对于一个已经生成的图形，缩放时按住 Shift 键会将其等比例缩放。

8.3.3 插入链接

用户可以在演示文稿中添加超级链接，然后使用超链接使它跳转到不同的位置，例如跳转到演示文稿的某一张幻灯片、其他文件、网页中的某个 Web 页以及电子邮件地址等。

创建超链接

要在页面中为一个对象创建超链接，选择这个对象，单击"插入"选项卡中的"超链接"按钮，在弹出的"插入超链接"对话框中选择"现有文件或网页"，选择想要插入的动画文件，如图 8-22 所示，单击"确定"按钮即可。查看时只要单击设置的超链接对象，如图 8-23 所示。

编辑超链接

在创建超链接后，可以根据自己的需要对超链接进行简单的编辑操作。如果要更改超链接的目标，在超链接上单击鼠标右键，从弹出的快捷菜单中选择"编辑超链接"选项，弹出"编辑超链接"对话框，输入新的目标地址和跳转位置，单击"确定"按钮，如图 8-23 所示。

图8-22

图8-23

取消超链接

如果仅仅取消超链接的关系，可单击鼠标右键，从弹出的快捷菜单中选择"取消超链接"选项。

8.3.4 插入对象

插入对象包括在演示文稿中插入声音、影片以及 Flash 等。在"插入"选项卡最右侧的媒体命令区，有"视频"和"音频"两个按钮，如图 8-24 所示。

图8-24

对象的格式

单击"视频"按钮可以为 PPT 插入多种格式的视频文件（包括 Flash 文件），如图 8-25 所示。单击"音频"按钮则可以为 PPT 添加多种格式的音频文件，如图 8-26 所示。

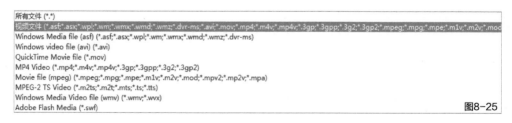
图8-25
图8-26

音频对象的编辑

选中音频对象后，在"播放"选项卡中还可以对这些多媒体素材进行简单的剪辑编辑、淡入淡出、播放设置、音量调节和修边等操作。

在"音频工具"选项卡"播放"子选项卡的"音频选项"命令区中，可以设置音频的开始方式，如图 8-27 所示。

图8-27

● 开始。单击在下拉列表里可以选择"自动"式"单击时"选项。

● 跨幻灯片播放。表示在 PPT 打开后自动开始播放，并且在切换幻灯片之后播放会继续，因此该选项适合用于设置 PPT 的背景音乐。

● 循环播放，直到停止。表示在放映 PPT 时，音频会一遍接一遍播放，直到停止。

在"编辑"命令区中，单击"剪裁音频"按钮，可以根据自己的需要从音频文件中截取某一部分，如图 8-28 所示。在"淡化持续时间"区域还可设定影片的淡入和淡出。

除此之外，单击"动画窗格"命令，即可打开"动画窗格"，单击选中音频动作右侧的下拉箭头，即可进行更高级的音频播放设置，如图 8-29 所示。还可以对多媒体添加进入、退出等动画效果，以完成多个多媒体文件的连续播放。

图8-28

图8-29

在"播放音频"对话框的"效果"选项卡中，可以设定音频文件的播放和结束时间，如图 8-30 所示。在"计时"选项卡中可以修改音频的触发方式、重复次数和延时等设置，如图 8-31 所示。

图8-30

图8-31

提示

"开始播放"区可以设定音频播放从头开始、从上一次播放完的位置开始还是指定从第几秒开始。
"停止播放"区则可以设定音频结束播放的方式是单击、本页幻灯片完成之后还是在第几张幻灯
片播放完成之后自动结束。

视频对象的编辑

视频文件的设定与音频文件的设定方法基本相同，其视频文件的"播放"选项卡如图8-32 所示。

图8-32

在"视频工具"的"格式"选项卡中，对视频的调整和对图片的格式调整基本相同，例如为视频执行剪裁、添加边框、设定视频的旋转和三维格式等，如图 8-33 所示。

（原图）

（裁剪）

（三维旋转）

（重新着色）

图8-33

8.4 设置模板

如今，在互联网上能得到的模板数以万计，但寻找到合适的模板却要花费很多的时间，即便是找到适合自己的模板，也很容易与别人的相同，失去了整个 PPT 的独特之处。因此，用户可根据自己的需要创建适合自己的具有特色的 PPT 模板。

提示

对于一个优秀的 PPT 而言，PPT 模板是必需的，使用模板能为整个 PPT 制定统一的标准，体现幻灯的特点。

8.4.1 模板的应用

一个 PowerPoint 模板包含了演示文稿的页面设置、主题版式、主题颜色和主题字体 4 个部分，但不包含演示文稿的内容。可在"设计"选项卡中选择要使用的模板主题、更改页面大小、修改配色和字体方案，如图 8-34 所示。

图8-34

提示

PowerPoint 为了方便用户的操作，提供了一套专家设计的模板，用户可以直接选择这些模板来改变自己幻灯片文件中的母版的设定。

"设计"选项卡分为"主题""变体"和"自定义"3 个部分。

● 主题在"主题"命令区中，显示了用户正在调用的模板以及 PowerPoint 上保存的备用主题。单击下拉按钮，会看到图 8-35 所示的"主题"下拉菜单，菜单最底部是"保存当前主题"命令，单击该命令，就可在弹出的对话框中保存当前 PPT 里的主题。

图8-35

提示

保存当前主题是一个非常实用的技巧。如果用户下载了一个喜欢的主题，或者制作好了一个新的主题，通过这样的方式保存它，那么下一次在制作 PPT 时就可以直接从"主题"里调出来使用。

● 变体。可通过颜色、字体、效果以及背景样式等创建一组新的"主题"，创建的新主题可切换当前的 PPT 模板，其颜色、字体、效果以及背景样式的下拉菜单如图 8-36 所示。

 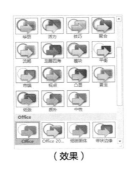 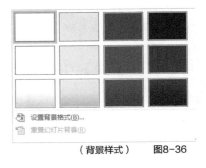

（颜色）　　　　（字体）　　　　（效果）　　　　（背景样式）　　图8-36

● 自定义。可对当前模板根据自己的需要对其幻灯片大小以及背景格式等属性进行自定义。

8.4.2 母版的应用

为了使演示文稿的风格一致，可以设置它们的外观。PowerPoint 所提供的配色方案、设置模板和母版功能，可方便地对演示文稿的外观进行调整和设置。

提示

每个演示文稿都有一个幻灯片母版，用于控制该幻灯片的整体外观和布局，所有幻灯片都是基于该幻灯片母版创建的。母版的特点是在幻灯片中包含已经设置好格式的各种占位符，用户可以向各个占位符中输入文本或者插入各种对象。如果更改幻灯片母版，则所有基于该母版创建的演示文稿幻灯片中相应的对象格式都会受到影响。

设置幻灯片母版

在对幻灯片母版进行编辑之前，首先必须进入母版视图。在"视图"菜单中选择"幻灯片母版"选项，进入幻灯片母版视图状态，如图 8-37 所示。

图8-37

提示

母版幻灯片控制整个演示文稿的外观，包括颜色、字体、背景、效果和其他所有内容，用户可以在幻灯片母版上插入形状或徽标等内容，它就会自动显示在所有幻灯片上。

设置讲义母版

自定义演示文稿用作打印讲义时的外观，用户可以选择讲义的设计和布局，例如背景格式和页眉、页脚的出现位置，也可选择适合页面设置的选项。在"视图"菜单中选择"讲义母版"选项，进入幻灯片讲义母版视图状态，如图 8-38 所示。

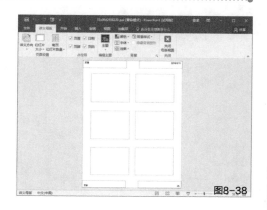

图8-38

设置备注母版

自定义演示文稿与备注一起打印时的外观，用户可以选择备注的设计和布局，例如背景格式和页眉、页脚的出现位置，也可选择适合页面设置的选项。在"视图"菜单中选择"备注母版"选项，进入幻灯片备注母版视图状态，如图 8-39 所示。

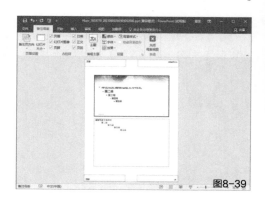

图8-39

8.4.3 如何创建模板

单击"视图"选项卡中的"幻灯片母版"按钮，可进入幻灯片母版视图，这时就可以修改当前 PPT 的模板了。网上下载的幻灯片上的 LOGO 可在这里去除。

提示

模板的创建主要包括 3 个部分，分别为制作封面版式、制作主版式及确定主题颜色和主题字体。

下面介绍各个部分的创建方式及顺序。新建一个 PPT 后进入"幻灯片模板"选项卡。

● 制作封面版式。在制作封面页之前应当先对模板的色调以及页面的尺寸进行确定，如图 8-40 所示。当色调选定之后，可通过自定义图形以及使用切题的图片来制作封面页。当然也可以直接选择图片，这样色调也就自然确定下来了，如图 8-41 所示。

图8-40

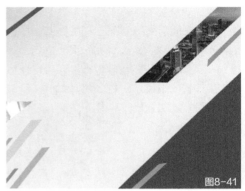

图8-41

● 制作主版式。一般来说，封面版式稍作简化就可以作为主版式了。在完成主版式之后，模板的版式就算是完成了，但如果 PPT 的页面有分节的要求，则还需要制作转场版式，如图 8-42 所示。

● 确定主题颜色及主题字体。主题颜色和主题字体是在版式设计完成之后确定的，这样可以保证主题的颜色和字体与版式相协调，如图 8-43 所示。

图8-42

图8-43

8.4.4 常见的模板版式

在制作 PPT 时，最常见的模板版式分为两种：一种是纯文本的模板设计，另一种则是使用图片的模板设计，下面简单介绍不同版式模板的创建。

纯文本模板

纯文本模板其封面的内容非常简单，无非是整个 PPT 的标题（包括主、副标题）、公司的名称以及日期，其中，标题是首先要突出的要素，可通过以下两种方式实现纯文本模板的创建。

● 可以设定底色后把标题放大，采用居中的方式进行展示。背景可以用纯色，为了让背景看起来不那么单调，也可以用渐变色，一个简单的封面版式如图8-44所示。

● 利用色块和渐变对版面做一些修饰，使用色块的要领就是在色块与色块的接触处添加过渡，使整个版面看起来整体和谐，如图8-45所示。

图8-44

图8-45

图片模板

在模板中使用图片，能够使页面更加丰富和精彩，使用的图片可以是一张小图，也可是一张大图，通过对不同版式的设计，能够创建丰富的模板。

● 使用一张小图。当拥有一张符合主题的小图时，可以使用它来装饰页面，使页面更加丰富，如图8-46所示。

图8-46

● 使用一张大图。如果有一张符合主题并且漂亮的大图，可直接用其铺满页面，然后用渐变的矩形给标题划出空间，如图8-47所示。

图8-47

8.5 添加动画和转场

　　PowerPoint 将动画基本划分为 4 大类,分别为进入动画、强调动画、退出动画及路径动画。这 4 类动画看似简单,但如果对它们进行叠加、衔接以及组合,得到的动画效果就千变万化了。可在 PowerPoint 的"动画"菜单中执行相应的命令实现各种动画效果,如图 8-48所示。

图8-48

- 进入动画是让对象从无到有。
- 退出动画是让对象从有到无。
- 强调动画是让对象产生变化以吸引注意。
- 路径动画则是让对象沿着规定的路线移动。

8.5.1 如何添加一个动画

　　选定一个对象,在"动画"菜单中选择相应的命令即可为此对象添加动画。在 Power-Point 中,"动画"菜单中预设了很多动画,如图 8-49 所示。通常需要打开"动画窗格"对众多动画进行管理和设置,如图 8-50所示。

图8-49

图8-50

提示

PowerPoint 中提供了非常多的动画选择，下面简单向读者介绍几种常用动画的使用方法及实现的动画效果。

● 出现。出现就是让动画瞬间出现。出现是 PowerPoint 中最简单的动画，但不能因为它简单就不去用它。动画不是为了炫目，而是为了表达含义或者引导视线，如果不表达什么含义，那么选择出现就刚刚好。

● 淡出。淡出能够使对象渐隐或缓现，也是一种很自然的动作，它比出现看起来华丽，但没有后者来得干脆。

● 切入。切入是非常自然的动作方式，不像飞入那样要从页面的外部飞入而吸引过多注意。在演示流程图时，切入动画是不错的选择。另外，浮入动画与切入动画效果类似。

● 擦除。擦除是 PPT 中最炫、最有用的效果之一，它能够让线条的出现看起来像是用笔画出来的一样。因此如果出现线条，擦除是最实用的方式。另外，在条形图和柱形图中，使用擦除也会让图表富有动感。由于擦除动作仅能沿着直线方向进行，因此对于一些封闭的曲线，使用轮子效果会更好。

有一些动画在动画预设中并不能找到，这时需要单击"更多进入效果"按钮，如图 8-51 所示，打开"更改进入效果"对话框，如图 8-52 所示。

图8-51

图8-52

8.5.2 如何操控一个动画

在动画窗格中，选择一个动画，单击右边的下拉箭头，弹出动画下拉菜单，如图 8-53 所示，只有熟练掌握菜单中的每一项命令，才能够更好地设置动画效果。

图8-53

● 单击开始。只有在单击一次鼠标之后该动画才会出现。例如，想要让两个对象逐一顺序显示，单击一次出现一个，再单击一次再出现一个，那么两个出现动作都应该选择"单击开始"选项。

● 从上一项开始。该动作会和上一个动作同时开始。例如，把第一个对象设为"单击开始"，第二个对象设为从"上一项开始"，那么单击一次之后，两个对象会同时动作。

● 从上一项之后开始。上一个动画执行完之后，该动作会自动执行而无须单击鼠标。对于两个对象，如果第二个对象选择了这个选项，那么在单击一次鼠标之后，两个对象会逐一动作。

● 效果选项。单击此命令会打开"效果"选项卡，在这里可以对动作的属性进行调整。对于不同动作，此选项卡的内容会稍有差别，比如"飞入"动画的"效果"选项卡如图 8-54 所示，"淡出"动画的"效果"选项卡如图 8-55 所示。

图8-54

图8-55

提示

不同动画的属性设置不尽相同，用户可根据自己的需要对动画属性进行设置，从而达到自己想要的动画效果。

● 计时。单击此命令会打开"计时"选项卡，如图 8-56 所示。本选项卡可以对动画菜单的前 3 项命令设置动画的执行时间、延迟及重复次数，规定对象动作的触发器。勾选"播完后快退"选项可以让对象执行完动画后回到执行前状态。

在此需要注意的是，动画的"期间"可以指定任意小数（如0.1、0.15等），"重复次数"也可以为小数

"触发器"只有触发一个动作后才会执行，这些触发由"单击开始""从上一项之后开始"及"从上一项开始"3个选项控制。触发器是通过单击对象进而触发动作

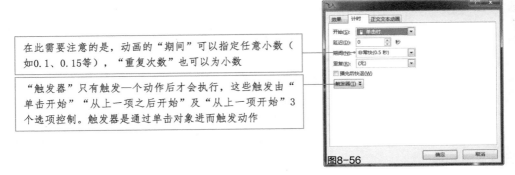
图8-56

● 隐藏/显示高级日程表。高级日程表会以甘特图的形式详细显示每一个动画的执行时间，但高级日程表会让动画的执行时间序列不那么一目了然，通过此选项即可隐藏或者显示高级日程表。

8.5.3 动画的拷贝

PPT 动画虽然操作起来并不特别麻烦、但想要做出高质量的动画效果却不是一件容易的事情。那么对于一个已经下载好的精美动画效果，如何将其应用到自己的 PPT 中呢？在 PowerPoint 提供了两种方法，一种是动画刷，另一种是图片替换。

● 动画刷。只需要在其中找到所需的动画后选定该动画的对象，再单击动画刷，找到将要设置动画的对象后使用动画刷刷一下即可。

在使用动画刷时需要的注意的是，如果一个对象已经设置了其他动画，则使用动画刷后，该对象的其他动画都将消失。因此要首先使用动画刷，然后再设置其他动画。

● 图片替换。首先将源文件中的图片复制到 PPT 中，这时，图片的动画也同时被复制了过来。然后通过"图片工具栏"菜单的"更改图片"命令替换成自己的图片即可。

在 PowerPoint 中允许同时对多个动作的相同属性进行修改。在"动画窗格"中，选定多个动画（按住 Ctrl 键）后，即可同时设定这些动画的持续时间及动画的激发方式等，从而加快其操作速度，提高制作效率。

8.5.4 文字的动画

一般在正式的演示场合，文字是传递信息的一种重要方式，如何将这些信息更好地传递给观众是最重要的问题。因此文字动画要干净利落，让观众把主要注意力放在阅读文字上而不是观看文字效果上。推荐使用出现、淡出、缩放、切入和透明等简单自然的动画，强调动画可以使用脉冲、放大以及变色。

在制作文字动画时，不建议使用的动画效果有以下几种。

● 幅度较大的动画，例如飞入和曲线向上。

● 比较烦琐的动画，例如旋转、升起和飞旋。

● 太过花哨的动画，例如中心旋转、弹跳等。

提示

在使用文字动画时需要注意的是，由于观看者很难有时间阅读很多文字，因此文字的字号一定不能过小，数目一定不能过多。

8.5.5 图片的动画

图片是装饰元素，使用漂亮的动画能够提升图片的动感和美感。下面向读者简单介绍扩展图片动画的两种小技巧。

图片的逐字动画

文本逐字动画的图片移植。使用图片填充文本后对文本设置动画的方法能够大大扩展图片的动画效果，下面向读者详细讲解制作过程。

● 在"插入"选项卡中选择"图片"，插入准备好的图片，如图 8-57 所示。在"插入"选项卡中选择"文本框"横排文本框，如图 8-58 所示。

图8-57

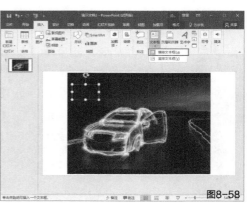
图8-58

● 在文本框中输入 "-"，数量自定。将这些文本转换成宋体，这样可以使效果更明显，如图 8-59 所示。选择这些文本，在"开始"选项卡中将文本间距调整为"很紧"，如图 8-60 所示。

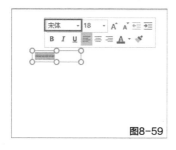
图8-59

图8-60

提示

在文本框中输入的"-"越多,就能够将图片分割为越多的图块,将文本间距调整为"很紧",就能够在实现动画效果时将图片的分割距离表现为很小。

● 选中文本,在"格式"选项卡中选择"文本效果",如图 8-61 所示。选择刚刚插入的图片,按快捷键 Ctrl+X 执行剪切命令,再次选择文本框,单击鼠标右键,在弹出的快捷菜单中选择"设置形状格式"选项,在"设置形状格式"窗格中的"文本填充"选项中选择"图片或纹理填充",选择来自于"剪贴板",如图 8-62 所示。

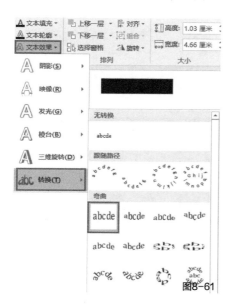
图8-61

图8-62

● 选择文本框,设置动画效果,如图 8-63 所示。在"动画窗格"中在执行"效果选项"命令,在弹出的对话框中设置相关属性,如图 8-64 所示。

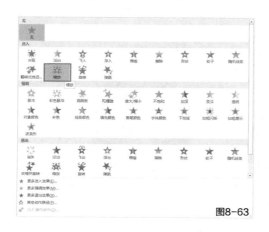
图8-63

图8-64

● 单击"确定"按钮，可实现最终切换
效果，在文本框中增加输入"-"，可将图
片分割为更多的图块，如图 8-65 所示。

图8-65

图片切换动画

在 PowerPoint"切换"选项卡中提供了非常炫目的页面切换效果，如图 8-66 所示。其中，
"动态内容"一栏中的 7 个三维动画允许在翻页时只对幻灯片中的内容实现切换效果，而幻
灯片的背景会保持不变。应用页面切换动画会得到炫丽的 3D 图片切换效果。下面向读者介
绍为图片添加 3D 切换动画效果的方法。

图8-66

● 将两张图片分别置于相邻的两张幻灯片上。

● 为两张幻灯片设置完全相同的背景。

● 为后一张图片所在的幻灯片设置"旋转"型切换动画。最终的切换效果如图 8-67 所示。

图8-67

8.5.6 数据图表的动画

除了能够为文字和图片等一般的对象添加动画外，PowerPoint 还可以简单地为各种数据图表添加动画。下面详细讲解为柱形图添加动画效果。

提示

在所有动画中，擦除最适合作为各种柱形图、条形图、折线图及面积图的出现动画，而轮子则最适合作为饼形图的出现动画。

在 PPT 中插入一个柱形图表，选中图表为其添加动画效果，在"动画窗格"中选择"效果选项"，就可以为 图像的动画设置属性了，如图 8-68 所示，单击每组图表动画下面的下拉箭头，则会出现图表中所有对象的动画，可以在这里修改图表中每一个元素的动画属性，如图 8-69 所示。

图8-68

图8-69

8.6 让动画炫起来的技巧

PPT 动画的设置虽然简单，但制作出让人眼前一亮的动画并非易事。掌握炫丽的动画需要不断地观看优秀的作品，并拿出足够的时间动手实践。但炫丽的 PPT 动画并非无章可循，只要掌握以下 4 大技巧，那么你的动画就足以让人刮目相看。

8.6.1 动画的叠加、衔接与组合

动画的使用惜墨如金，用墨如泼。在为对象设置一个动画之前，要认真考虑一个对象是否需要设置动画以及设置成什么样的动画。不需要动画的时候坚决不用，但一旦决定使用动画，那么就要对动画进行精细的调整。尽量避免烦琐的、重复的、让人厌倦的动画。只有掌握动画的叠加、衔接和组合，才能够制作出自然、简洁以及赏心悦目的动画效果。

● 叠加。对动画进行叠加，无非是让多个动作同时进行，即设置为"从上一项开始"命令。

叠加的可以是一个对象的不同动作，也可以是不同对象的多个动作。几个动作进行叠加之后，效果会变得非常不同。

提示

将动画进行叠加是富有创造力的过程，它能够衍生出全新的动画类型。两种非常简单的动画进行叠加后产生的效果可能会非常不可思议。例如淡出＋缩放、路径＋陀螺旋、路径＋淡出、路径＋擦除、缩放＋陀螺旋都是很常用的组合。

● 衔接。动画的衔接是在一个动画执行完成之后紧接着执行其他动画，即使用"从上一项之后开始"命令。和叠加类似，衔接的可以是一个对象的不同动作，也可以是不同对象的多个动作。

提示

叠加可以让动画的类型变得丰富，而衔接则通过之前动画的过渡以及后续动画的修饰给予每个动画合理的情节，从而使动画充满故事般的趣味。另外，将一个动作拆分为 3 个部分，设置不同的动作速度而后再衔接也是控制动画节奏的重要方法。

● 组合。组合动画让画面变得丰富，是让简单的动画由量变到质变的重要手段。组合动画的调节一般都需要对动作的时间、延迟进行小心的调整。

8.6.2 页面的无缝连接

页面的无缝连接是指将多页 PPT 中的内容融为一体，贯穿成一个完整的故事，从而保证整个 PPT 的连续性。

页面连接的制作要点是切换的两页幻灯片之间要使用重复元素精确地链接起来，如图8-70 所示。

图8-70

8.6.3 掌握时间轴

一个优秀的动画效果必定离不对时间的精确控制，在 PowerPoint 中，动画的执行时间是能够任意指定的。下面为读者简单介绍时间对动画效果的影响。

动画的效果与时间息息相关 ··●

同一个动画，0.2s 放完和 15s 放完的效果是完全不同的。例如 0.2s 的淡出动画重复进行就变成了一次闪烁，而 15s 的放大看起来像是在慢慢靠近，15s 的移动看起来则像是在缓缓漂移。

让动画充满动感 ··●

只有让 PPT 中的对象一直保持运动的状态才能够使动画获得动感。图 8-71 所示为连续播放的时间轴，在同一时间，只会看到一个对象在运动，而其他对象则处于静止状态。图 8-72 所示为相对播放的时间轴，同一时间，会有多个对象甚至所有对象都处在运动状态。

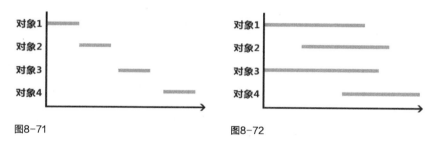

图8-71   图8-72

时间轴的作用表现为利用"从上一项开始"与时间延迟调节动画先后，而不是仅仅通过"从上一项开始"与"单击开始"来调节。用户可根据自己的需要设置动画使用连续播放或是相对播放。

8.7 保存和输出

在完成 PPT 的制作后就需要将其保存，为了能够让 PPT 拥有良好的播放效果，其保存与输出也是非常重要的环节。

8.7.1 文件的保存

PPT 的制作内容决定将 PPT 保存为何种形式。按制作内容将 PPT 分为两种，一种是制作动画的 PPT，另一种是没有设置动画的 PPT。

● 如果是制作动画短片，那么最好的选择是保存为 pps 格式，它能使 PPT 被打开后直接进入播放模式，让观众直接欣赏到动画效果。

提示

在保存 PPT 时，需要注意的是无论保存为何种格式，千万要记得嵌入字体。如果使用了自己安装的字体又没有嵌入，那么在其他人机器上很可能会显示为默认的字体（如宋体），这样会使 PPT 的整体美观度大幅下滑。

● 如果 PPT 中没有设置动画，则可以直接执行"文件 > 导出 > 更改文件类型"命令，在"图片文件类型"中选择"PowerPoint 图片演示文稿"选项，将每页幻灯片都保存为一个 PNG 图片，如图 8-73 所示。

图8-73

8.7.2 文件的输出

在 PowerPoint 中，除了能够将文件保存为 ppt 格式外，也可将 PPT 转换为其他格式进行输出，如转换为 PDF、Flash 以及视频等。这样不仅能够使用多种方法进行播放，而且能够保护 PPT 文档以防被修改其中内容。

● 转换为 PDF。执行"文件 > 导出 > 创建 PDF/XPS 文档"命令，单击"创建 PDF/XPS"按钮即可，如图 8-74 所示。单击"选项"按钮，可在"选项"对话框中进行设置，如图 8-75 所示。

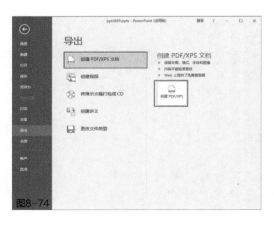

图8-74

图8-75

文档转换为 PDF 格式后，文档的动画也随之丢失。但对于阅读文档类 PPT，转换为 PDF 文档是非常合适的选择。

● 转换为 Flash。将 PPT 转换为 Flash，其实也就是将 PPT 转换为 SWF 格式，其主要作用是方便在更多的设备中观看 PPT 文件。使用 iSpring 转换后能够基本保存 PPT 中的动画效果。

● 转换为视频。执行"文件 > 导出 > 创建视频"命令，可以在菜单中对视频进行一些设置，包括视频的分辨率、旁白以及放映幻灯片的秒数等，设置完成后，单击"创建视频"按钮即可，如图 8-76 所示。

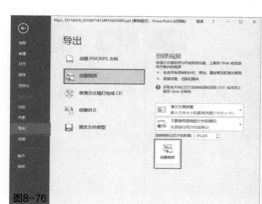

图8-76

使用 PowerPoint 能够将文档保存为 mp4 视频，它可以完美地保存 PPT 的原效果，因此将 PPT 转换为视频是最好的选择。

8.8 专家支招

在制作 PPT 的过程中，模板的设计以及模板的页面尺寸也是非常重要的内容，只有熟练掌握其内容，才能够根据自己的需要设计模板版式以及尺寸。

8.8.1 模板版式设计

在前面的章节中已经对模板的创建以及模板的版式进行了简单的介绍，下面向读者总结创建模板版式的小技巧。

● 背景可以选择纯色，也可以使用渐变色。用纯色会让页面显得很干净，用渐变色则会看起来更柔和、更华丽一些，尝试用渐变的灰色代替白色会得到不错的效果。

● 标题可以放到色块上，也可以直接放到图片上。使用色块时，在其与背景和图片之间增加窄窄的过渡会起到非常好的修饰效果。不使用色块时，把一条细细的直线放置在主副标题之间也是一种经典的做法。此外，对于简单的背景，将标题打散重排会为页面增加很多情趣。

● 图片可以用也可以不用，但使用图片会让页面变得更加精致，可做的变化也会增加很多。使用曲线形状与图片搭配效果也很好。

8.8.2 模板的页面大小

在 PowerPoint 中可通过"设计"选项卡中的"幻灯片大小"选项，更改 PPT 页面大小及其比例，如图 8-77 所示。

图8-77

PPT 默认的页面比例为 4:3，在网上下载的大部分模板也都是这个比例。但是在制作自己的模板时，这个比例应该根据 PPT 使用的场合而决定。

● 当 PPT 主要是打印后作为文件传阅，那么最佳的尺寸是与 A4 纸相同。

● 当 PPT 主要是用于演示时，则页面比例应该与投影仪相同，如果投影仪是宽屏的，选择页面比例为 16:9。

● 如果 PPT 打算做成动画在网络上传播，则应该把 PPT 改成 16:10 或者 16:9 的比例，因为现在大部分显示器都是宽屏的。

8.9 本章小结

本章主要对 PowerPoint 制作中非常重要的技巧进行讲解，其中包括 PowerPoint 基本应用、插入各种对象、设置模板和添加动画等，它们很容易被忽视，但是非常关键，只有熟练地掌握它们，才能够制作出更加漂亮以及独特的 PPT。

第9章

设计简洁PPT模板

PPT模板是指PowerPoint所用的模板，一套好的PPT模板可以让一篇PPT文稿的形象迅速提升，大大增加观赏性。同时PPT模板可以让PPT思路更清晰、逻辑更严谨，更方便处理图表、文字和图片等内容。本章主要对简洁模板的设计进行详细的介绍。

9.1 简洁 PPT 的基础知识

随着扁平化设计的出现，现在越来越多的企业在进行企业宣传时，对页面设计的要求也越来越注重简洁化。清爽的布局，适当的留白，再加上干净的布局设计，使得整个页面呈现出干净整洁的页面效果。

9.1.1 简洁风格的特点

简洁风格顾名思义就是指页面内容简明扼要，没有多余的内容和装饰，现如今简洁风格越来越为流行，下面向读者介绍简洁风格的 PPT 具有哪些特点。

使用简单的元素••

在简洁风格的 PPT 页面中，经常会使用到很多简单的元素，例如图标和图形等，用户经常会使用矩形、圆形和方形等简单的形状对页面元素进行装饰。一般页面中的元素较为独立，正角、直角和圆弧都是非常常见的，如图 9-1 所示。

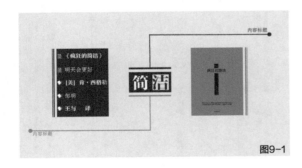

页面中使用直线将页面内容区分开来，使得页面内容左右分明，在清楚表达页面内容的同时增强了页面的趣味性

图9-1

拒绝特效••

拒绝特效是指页面中仅仅采用二维元素，所有的元素都不加修饰——阴影、斜面和突起等效果，需要极力避免羽化和 3D 这样的特效，如图 9-2 所示。

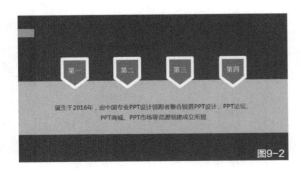

页面中使用简单的形状对页面内容进行装饰，清楚地表明页面中的标题，增强页面的可读性

图9-2

案例分析

Before

调整前的页面使用立体化的二维图形对页面内容进行点缀，不符合极简主义的设计理念，如图9-3所示

图9-3

After

将页面图片通过将形状改变为多边形的方式，从而使得页面形式更加丰富，给人一种活泼且动感的视觉效果，如图9-4所示

图9-4

注重排版

　　由于简洁 PPT 的设计元素较为简单，因此排版的重要性就更为突出了。字体的大小应该匹配整体设计，高度美化的字体会与极简设计原则相冲突。字形上应该使用粗体，文案要求精简、干练，最终保证在视觉上和措辞上的一致性，如图 9-5 所示。

页面中通过将内容进行层级排列，使得整个页面具有层次感，将标题文字进行变色处理，增强了页面的可读性

图9-5

关注色彩

　　在简洁 PPT 页面中，使用的色彩明显要更加鲜艳和明亮，因此它也可拥有更多的色调。在一般情况下，其主要和次要颜色通常都是非常大众化的颜色，然后再配以几种其他颜色，其页面效果如图 9-6 所示。

图9-6

页面中以白色为主色，搭配使用不同颜色的形状将页面内容展现出来，丰富了页面的视觉效果

提示

在 PPT 的制作过程中，当页面元素较少时，通过使用不同的色彩对页面进行点缀也是一种丰富页面视觉效果的方法，但需要注意的是，整体色彩的搭配要与整体页面内容相符合，否则会使页面整体杂乱无章，毫无美感。

极简主义

简洁 PPT 的设计整体趋近极简主义设计理念。设计中应该去除任何无关元素，尽可能地仅使用简单的颜色与文本。如果一定需要视觉元素，用户可以添加简单的图形对页面进行装饰，其页面效果如图 9-7 所示。

图9-7

页面中使用简单的图形对页面进行点缀，符合极简主义的设计理念，在丰富页面元素的同时增强了页面的趣味性

9.1.2 简洁风格的设计元素

在设计 PPT 的过程中，由于 PPT 主题风格的不同使得模板的设计具有一定的局限性，并不是所有的 PPT 都能够使用很多的图片对页面进行装饰，例如商务总结、学术报告和毕业论文答辩等主题的 PPT。

为了使 PPT 呈现简洁而不简单的页面效果，一般会使用线条、线框、色块和简单的图形对页面内容进行点缀，如图 9-8 所示。

图9-8

页面中使用简单的色块对标题文字进行突出，并使用线条对页面标题进行分隔，使得整个页面上下分明，可读性较强

9.1.3 简洁风格的设计方法

在 PPT 设计中往往给人印象深刻的东西不需要过多的修饰和堆砌，下面向读者介绍几种简洁而不简单的设计方法。

留白

很多用户会觉得留白浪费空间，其实恰恰相反，留白可以更好地利用空间。国际上的高端品牌的广告就钟情于留白设计，因为留白可以使观众的视觉焦点放在内容信息上，更易于突出主题，提升可读性与易读性，以及提高品牌辨识度等，如图 9-9 所示。

图9-9

页面中使用大量留白使页面具有简洁的页面效果，四周留白，让观看者的目光聚焦于主题信息上

提示

页面留白中的"白"并不是指白色的，而是环绕在主要信息周围的空白空间，色块及渐变的留白一样能够使页面具有简洁的效果。

案例分析

图9-10

Before

调整前的页面虽然划分整齐，段落分明，但是整个页面四周没有留白，整个页面显得生硬且沉重，给人一种不轻松的视觉效果，如图 9-10 所示

图9-11

After

调整后的页面将两边内容向中间靠拢，并使得周围留下一定的空白，整个页面整体显得轻松且不拥挤，图像与文字的紧密结合加强了整体感，如图 9-11 所示

图片衬底

在设计 PPT 页面时，可将符合主题的图片作为背景，在选择图片时要注意图片颜色的选取，从而使图片符合整个设计的氛围，既可以解决文字该如何排版的难题，又能帮助用户表达内容信息，如图 9-12 所示。

页面中使用堆砌的金币图片作为背景，与主题内容相呼应，合理地表达真正的用户体验

底纹装饰

当 PPT 的页面中内容较少或是整体页面较为单调时，可利用背景底纹来增强设计感。例如使用线条、圆点和网格等底纹对页面内容进行装饰，从而烘托主题信息，页面效果如图 9-13 所示。

页面中使用网格作为底纹对页面背景进行装饰，增强了页面的厚重感，给人一种较为饱满的视觉效果

创意图形

在 PPT 设计中，常见的 PPT 排版形式容易给人造成单调且没有设计感的印象，在保持设计版式不变的情况下增加创意图形，可以增加画面的新鲜感，使整个设计富有创意，如图 9-14 所示。

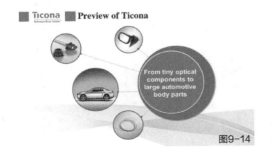

该页面中将产品信息作为圆形结构进行处理，在美化页面形式的同时，增强了视觉冲击力

背景虚化

在 PPT 设计中，将背景进行模糊处理，让画面通透，突出主题，既简洁又有设计感，常见的就是大家熟悉的 iOS 风格，在 PPT 的设计中，这种形式简单又实用，页面效果如图 9-15 所示。

该页面中将背景图片进行模糊处理，从而使背景与文字完美结合，将页面主要信息突出显示

图9-15

在对背景图片进行虚化时，通过 Photoshop 对图片进行处理有两种方法，一是通过添加滤镜效果对图片进行模糊处理；二是使用工具栏中的模糊工具对图片进行模糊处理。

● 打开 Photoshop，打开相应的素材，如图 9-16 所示。单击工具箱中的模糊工具，在属性栏设置合适的笔触大小，对图片进行涂抹，从而达到最终的虚化效果，如图 9-17 所示。

图9-16

图9-17

● 打开 Photoshop，打开相应的素材，执行"滤镜 > 模糊 > 高斯模糊"命令，在"高斯模糊"对话框中设置相应的参数，如图 9-18 所示。单击"确定"按钮，完成虚化图片的操作，如图 9-19 所示。

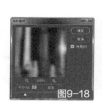

图9-18

图9-19

色块碰撞 ··

色块的设计使用是扁平化的兴起，从此之后色块就越来越受 PPT 爱好者的欢迎，方块元素的 Metro 风也常常使用色块设计。在简洁这条道路上，色块的使用可以让设计更出色，页面效果如图 9-20 所示。

该页面中通过图片和色块的结合对页面内容进行装饰，在增强文字可读性的同时使人眼前一亮，增强页面的视觉效果

图9-20

在制作 PPT 的过程中，可根据设计的需要，单一使用方法，也可多种方法同时进行使用，通过以上 6 种简洁而不简单的设计方法，让用户的页面呈现高端大气的效果。

9.2 商务总结 PPT 的准备工作

简洁的 PPT 包括很多类型，例如年度商务总结、学术研究和毕业论文答辩等，这类 PPT 页面文字内容较多，可使用的素材图片较少，这时就需要使用线条、线框和图片等元素对页面进行装饰，从而使得内容更加清晰。下面以商务总结报告为例，向读者详细介绍如何对该类型的 PPT 进行设计。

9.2.1 设计思路

商务总结类 PPT 主要是以内容为主，因此在制作过程中应突出文本内容，可通过使用图形、图示、线框和色块对内容进行装饰。配色主要以沉稳、大气为主，可使用蓝色、红色和黑色等颜色，由于页面内容较少，因此可使用较为丰富的色彩对页面进行点缀。同时使文本内容尽量区分明显，页面内容的层级关系应一目了然，这样才能够保证页面内容的可读性。

9.2.2 颜色选取

通过对商务总结类型 PPT 的分析，初步决定使用蓝色为 PPT 的主色调，使用黄色为 PPT 的辅色调，搭配白色的文本，使得页面内容整洁且可读性较强，如表 9-1 所示。

表 9-1

颜色	色彩意象
蓝色	具有沉稳的特性，强调科技、效率
黄色	充满希望和活力，使人联想到温暖、深情和成熟
白色	代表着干净、简洁的工作态度

　　为了使商务总结报告具有严肃且高端的页面效果，在这里使用蓝色为主色调，给人以沉思、智慧和力量的感受，蓝色是现代科技的象征色。使用黄色为辅色调，通过和蓝色形成比较鲜明的对比，从而增强页面的可读性。由于白色的使用范围最广，并且也是最为安全的颜色，因此选用白色为文本色。

9.2.3 素材选取

　　在设计 PPT 页面之前，首先应当收集相应的素材，由于商务总结类的 PPT 页面元素较少，因此需要使用大量图标、图示和图片等元素对页面进行装饰，如图 9-21 所示。

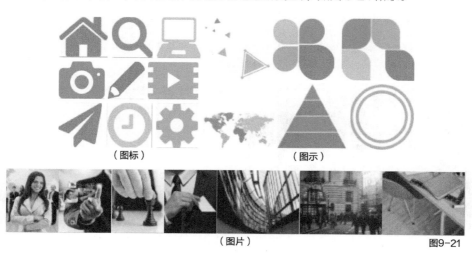

（图标）　　　　　　　　　（图示）

（图片）　　　　　　　　　　　　　　　　图9-21

第9章　设计简洁 PPT 模版

> **提示**
>
> 在 PPT 中使用的图标和图示，可通过 Photoshop、Illustrator 等优秀的软件进行绘制，而使用的图片可在各大素材网站购买。

9.2.4 字体选择

　　由于该 PPT 为商务主题，因此决定标题文字选择方正正中黑，正文字体使用微软雅黑字体，使得页面体现端庄严肃的同时又不失灵活性，如图 9-22 所示。

方正正中黑　　　微软雅黑

图9-22

9.3 商务总结 PPT 的制作过程

在 PPT 制作过程中一般将 PPT 的不同部分的版式分为封面页、目录页、过渡页、内容页和结束页。只有逻辑清晰、层次分明的合理版式才能有效表达 PPT 页面中的内容。下面向读者详细介绍不同页面的制作过程。

提示

其中过渡页用来提出阶段主题，内容页用来讲述阶段主题的各层次内容。有的 PPT 内容相对较少且结构简单，可以直接省掉目录页和过渡页。

9.3.1 制作封面页

由于之前将主色调定为蓝色，因此在这里选择一张蓝色被模糊的图片作为背景，将背景进行模糊处理，能够突出主题，既简洁又有神秘感，如图 9-23 所示。

蓝色的模糊背景，突出了商务 PPT 高端的视觉效果，体现高科技的企业形象

图9-23

RGB [12 26 47]

第一张 PPT 往往只由很少的元素构成，一个标题直接放在上面会显得很不协调，所以，合理布局、合理留白十分重要。根据之前的设计思路，这里将标题文字设置为方正正中黑体，并通过上短下长的方式对页面标题进行排列，如图 9-24 所示。

IOS
商务总结计划述职报告
人力资源部
报告人：王宇

图9-24

该页面中的整体元素居中，中间部分最为显眼，明确主题。一些不是很重要的元素使用14或者12号字体放在下方。小的文字要偏向下方，否则元素都聚在中间，下边会显得太轻

相关链接

对于如何对标题内容进行排列,本书已经进行了详细的讲解,读者可根据自己的需要自行参阅 6.1.2
小节的内容。

由于该页面中标题与标题之间显得比较空洞，没有联系，因此使用两条白色的细线将页
面标题隔开，使得整个页面主次分明，具有层次，如图 9-25 所示。

该页面中两条直线很重要，可以明确上下的边界，将文本
元素固定在中间位置，否者会使页面元素没有层次，毫无
设计感

图9-25

由于页面元素稀少，因此在页面中使用两个圆对直线进行点缀，使得整个页面不会显得
轻浮，两个圆作为两个亮点，也为该 PPT 页面设置点睛之笔，如图 9-26 所示。

该页面中使用两个圆对直线进行点缀，在丰富页面元素的
同时，增强了页面的整体美观性

图9-26

提示

页面中直线和圆形，可通过 PowerPoint 中"插入"选项卡下的"形状"命令进行绘制。

9.3.2 制作目录页

在一般情况下，第二页就为整个 PPT 的目录页了，内容开始变得充实，要注意使得页面
饱满，还要注意留白和字体。目录页的文本字体与配色与上页基本一致，页面效果如图 9-27
所示。

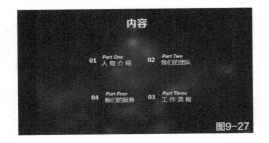

该页面中的标题文字使用 18 号的方正正中黑体，与首页标题相呼应，并将主题内容清晰且整齐地罗列出来，统一整体 PPT 的视觉感

提示

在制作 PPT 的过程中，可有目录，也可没有，当页数很多时，目录页能更明晰地表达主题，能够使观众事先清楚演讲内容的框架，对协助观众了解演讲的内容是十分有用的。如果打算使用目录页，就不要在演示时将此页一笔带过。目录页展示的是整个 PPT 的主体构成，一个常规形式的目录未尝不可，但花些时间去设计一个有创意、新颖的目录可以帮用户得到一个很高的印象分。

在页面添加标题之后，其页面形式较为简单，视觉冲击力不强，无法引起观看则的注意。这时就需要对其进行设计和扩充，可通过将标题文字进行斜置型排列的方式，从而增强页面的层次感，如图 9-28 所示。

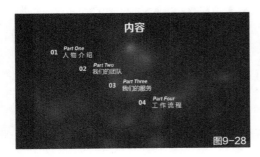

通过将页面标题进行层级排列的方式，使得页面形式更加丰富

相关链接

对于将文本内容进行斜置型的排列，本书已经进行了详细的讲解，读者可根据自己的需要自行参阅 3.2.3 小节的内容。

由于只是简单地将文字按照版式排列出来，因此页面色彩还是较为单调，这时通过将页面中的标题文字进行变色放大处理，从而丰富页面色彩，其页面效果如图 9-29 所示。

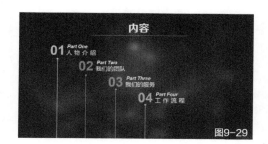

该页面中将标题文字进行变色处理，使得页面色彩更加丰富，突出页面重点内容

图9-29

　　将标题文字进行变色处理，虽然丰富了页面的色彩，但是整个页面还是显得较为空旷，这时可使用线条对页面进行装饰，如图 9-30 所示。

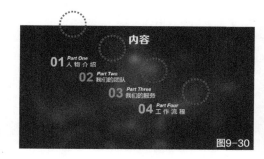

该页面使用线条对页面进行点缀，使得页面层次更加分明，增强了页面的趣味性

图9-30

9.3.3 制作过渡页

　　过渡页是指在一个 PPT 中起到内容转换作用的页面。一个 PPT 中一般都包含多个部分，在不同内容之间如果没有过渡页，则内容之间缺少衔接，容易显得突兀，不利于观众接受，而恰当的过渡页则可以起到承上启下的作用。

　　在该商务 PPT 模板中，为了能够与目录页形成呼应，过渡页的制作也应当按照目录页的形式进行，标题文字与目录页的格式一样，如图 9-31 所示。

该页面用来提出阶段主题，其文字格式与目录页相同，前后呼应，逻辑清新，内容一目了然

图9-31

　　由于页面元素较为单调，因此使用色块与线条对页面内容进行装饰，从而突出页面中的重点内容，如图 9-32 所示。

该页面为 PPT 的标题页，由于标题内容较少，因此通过线条和形状对页面内容进行装饰，增强了页面的图版率，起到了规范页面布局的作用

相关链接

对于如何使用色块对页面内容进行装饰，本书已经进行了详细的讲解，读者可根据自己的需要自行参阅 5.1.4 小节的内容。

9.3.4 制作内容页

在 PPT 页面中设计最多的也就是内容页了，虽然每个 PPT 页面的内容不完全一致，但是它们都使用一个母版对 PPT 内容进行编排，在此将简单对其中一个内容页进行详细的讲解，从而了解 PPT 母版页的制作。

由于商务总结主题的 PPT 以简洁大方为设计理念，因此模板的设计也是较为简单，该页面只是对标题内容进行简单的装饰，从而给内容页的编排更大的发挥空间，如图 9-33 所示。

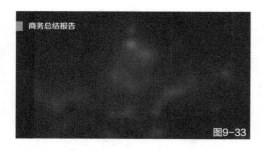

该页面中通过简单的绿色色块对页面标题进行装饰，使用方正正中黑体对标题文字进行设置，与首页内容相呼应

简单对母版进行设置后，就可为该页面添加内容了，这时可对页面中的标题进行修改，并为该页面添加文本内容，由于该页面文字内容较多，又要将所有元素放在一个页面，因此只能采用传统矩形方式整齐排列以节省空间，如图 9-34 所示。

该页面采用左右对齐的方式对页面内容进行排列，并设置合理的段距将文字拉开，降低阅读难度，每个段落之间距离相等，显得清爽、不紧凑，而且也使得页面很饱满

相关链接

对于如何对段落文本进行排列,本书已经进行了详细的讲解读者可根据自己的需要自行参阅 6.2.4 小节的内容。

由于该页面的内容较少，较为单调，因此需要为每个主题选择合适的图标来标注每个段落，同时也使得页面不是十分单调，如图 9-35 所示。

该页面使用合适的图标对段落文字进行标注，丰富页面的元素，符合简洁的设计理念，从而有效地改善观看者的阅读体验

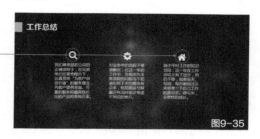

图9-35

由于页面中有大量的段落文字，虽然排版较为整齐，但整个页面的可读性不强，因此可通过色块对各部分内容进行衬托，然后将各部分内容错落排列开来，使得页面具有层次感，其页面效果如图 9-36 所示。

该页面通过不同的色块对文本内容进行装饰，在丰富页面色彩的同时，增强页面的可读性

图9-36

为了使各个色块具有统一的页面效果，可使用线条对各部分内容进行装饰和约束，其页面效果如图 9-37 所示。

该页面一条直线将页面中的内容进行连接，使得各部分内容具有关联性

图9-37

9.3.5 制作结束页

最后一个页面是结束页，采用了传统的大写"谢谢"的排版格式,在页面中留出大量空白，显得十分整洁，如图 9-38 所示。

图9-38

该页面通过上下排列的方式将文字放置在中间部分，上下分明，主题明确，内容一目了然

以上主要针对 PPT 中几个重要页面的制作进行详细的介绍，其他页面的制作可通过自己的创意和思路进行设计排列，从而完成最终的 PPT 制作下面向读者展示该 PPT 中其他页面的设计，如图 9-39 所示。

（内容页）

该页面中文本内容较少，通过图标和图片对页面内容进行装饰和讲解，在丰富了页面元素的同时加深了观看者对页面内容的印象

图9-39

（内容页）

该页面中将 4 段文字以左右对齐的方式进行排列，并通图示对页面内容进行装饰，图示颜色与标题色块互相呼应，整洁而一致

提示

内容页的形式较为丰富，且制作风格迥然不同，在制作时要充分发挥自己的创意对内容页进行编排，在清楚表达页面内容的同时，使得整个 PPT 呈现简约而不简单的页面效果。

9.3.6 添加转场

转场就是两个页面之间的过渡效果，可通过 PowerPoint 中的切换效果给页面添加过渡，给页面间的交换过程增强动感。

PPT 页面制作完成后，就要对该 PPT 添加转场了，需要注意的是，由于 PPT 的重点是对内容的展示，太过花哨的转场会过多地吸引观看者的注意，因此在设计转场时，整个 PPT 使用一种转场效果较为稳妥。图 9-40 所示为该 PPT 添加百叶窗转场的效果。

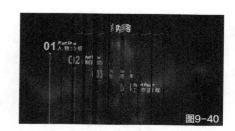

图9-40

该页面为添加百叶窗的切换效果，使得幻灯片的播放更具有趣味性，为幻灯片的播放增添光彩

相关链接

对于如何为 PPT 添加转场，本书已经进行了详细的讲解，读者可根据自己的需要自行参阅 8.5 节的内容。

9.4 专家支招

通过本章的学习，相信读者已经对简洁模板的设计和制作有了简单的了解，下面向读者简单介绍制作简洁风格 PPT 的注意事项，并对优秀作品进行赏析。

9.4.1 制作简洁模板的注意事项

在制作简洁风格的 PPT 页面时，为了使页面整体干净、整洁，在制作过程中需要注意以下几点内容。

- 设计风格要明确，简单、大方和扁平化，给人一种沉稳、商务的感觉。
- 颜色设计要合理，鲜艳的色彩可以使 PPT 变得明艳，更加有活力，但是缺少部分沉稳与简单的感觉。
- 页面要简洁，但不是说除了文字之外，什么都不用，图片、图形的搭配使用非常重要，少量的图标可以很好地改善阅读体验和整体布局风格。
- 注意细节。一个很小的、看似不起眼的小细节，往往可以很好地改善页面阅读体验，不要吝啬细节的修改，哪怕仅仅是字体大一号或小一号的细节。
- 注意页面留白，所有内容全部挤在一起，不仅页面显得难看，而且文字也特别难以阅读，尤其在文字很多的时候，阅读留白不合理的 PPT 简直是一种折磨。
- 注意界面风格的统一，页面要使用一种主题的字体和颜色，不要每个页面字体都不一样大。PPT 作品整体颜色不要超过 3 种，特殊 PPT 除外。多色块搭配，要明暗色调搭配，不要使用统一灰度色调，比如深灰、深蓝、深褐色，浅蓝可以搭配比如浅橘黄等色块。

9.4.2 简洁 PPT 赏析

无论在设计中的哪个行业，对优秀作品的欣赏都能够拓宽视野，提高自身的设计素养和眼光，通过分析别人设计的优势和心意，从而融合自己的设计元素，增强自身的设计水平和创意。接下向读者展示不同领域的简洁 PPT 设计。

个人简历

在制作个人简历的 PPT 页面时，要追求年轻、时尚和个性，在突出自身魅力的同时，也要以简洁、大方为主，其页面效果如图 9-41 所示。

图9-41

该页面使用黑色为主色，呈现高端、大气的页面效果，通过线条和线框对页面进行点缀，符合简洁的设计理念

论文答辩

论文答辩是探讨问题进行学术研究的一种方式，这种类型的 PPT 页面内容较为单调和严肃，因此以简洁实用为主，可通过合理的排版和对页面内容的装饰，体现专业权威的品质，如图 9-42 所示。

图9-42

该页面使用符合主题的图片作为背景，使用白色的文字使得页面内容清晰明了，通过线框对页面标题进行固定，并且使用符合主题的图片对页面标题进行点缀，使得整个页面呈现干净整洁的页面效果

工作总结

工作总结类的 PPT 页面首先以清楚表达页面内容为前提，风格简约的 PPT 才能够突出主题，通过简单的概括突出想要表达的内容，如图 9-43 所示。

图9-43

页面中通过无彩色的图片作为背景，使得页面呈现干净、大气的感觉，使用绿色的英文字母将标题文字包含其中，丰富页面色彩的同时，增强整个页面的设计效果，简约而不简单

9.5 本章小结

本章主要对简洁模板的特点和设计方法进行讲解，并通过制作商务总结的 PPT 详细讲解简洁风格的设计要点。简洁风格已经引领现代时尚的潮流，通过本章的学习，相信读者已经对如何设计简洁风格的 PPT 有了一定的了解和认识，希望在以后的工作和学习中能够给读者提供一定的帮助。

第10章

设计工作汇报PPT模板

工作汇报是工作人员将一年或一段时间里的工作进行整理并分析，向用户汇报工作的书面材料。

随着科技的发展，工作汇报的形式也发生了很大的变化。人们不仅仅停留在书面汇报和口头汇报的形式上，已开始使用多媒体进行汇报了。多媒体可以使汇报更加生动，更加直观。

10.1 工作汇报型 PPT 的特点

过去，进行工作汇报的方式是对着领导念稿子，呆板、落后、枯燥和平淡。现如今，信息化让我们正迎来工作汇报的 PPT 时代，而首当其冲的，自然是机关、大中型企业和公用事业单位，目前工作汇报 PPT 的应用也主要限于以上几处。下面向读者介绍工作汇报 PPT 的制作特点和标准。

10.1.1 用色传统一些

在 PPT 设计中，由于工作汇报类的 PPT 页面一般较为严肃及规整，因此在选择色彩时应选择商务蓝、中国红和简洁灰等大众化的颜色，它们不仅是在制作 PPT 时经常使用的颜色，同时也是用户比较容易接受的颜色。颜色具有一定的象征意义，恰当的运用可渲染氛围。

● 商务蓝。商务蓝象征理智、深远。如图 10-1 所示，该 PPT 页面中使用蓝色为主色调，与图片颜色相呼应，并通过虚线对页面进行点缀和装饰，给观看者以干净、科技和明快的视觉感受。

图10-1

页面中使用蓝色为基调，给人大气、清透和干净的视觉感受，符合工作汇报 PPT 的特性

RGB (0 112 192)

● 中国红。中国红，红色一般意味着危险、紧急或者喜庆。如图 10-2 所示，该页面使用红色为主色调，有效地对页面内容进行烘托，页面中使用人物奔跑的形象表示即将步入新的一年，通过立体化的形状对页面中内容进行展示，增强了页面的趣味性以及层次感。

图10-2

页面中使用红色对新年计划的工作汇报进行展示，符合过年喜庆的气氛

RGB (255 0 0)

● 简洁灰。当 PPT 页面内容较为丰富或是内容较为复杂时，可通过使用简洁的灰色作为背景。如图 10-3 所示，页面中使用灰色作为背景颜色，页面中通过低多边形营造出立体的空间视觉感。

页面中使用灰色作为主色，使得页面以更加干净素雅的效果呈现出来

图10-3

RGB (0 112 192)

10.1.2 背景简洁一些

在制作 PPT 的过程中，由于工作汇报 PPT 的内容较为复杂，太过花哨的背景会影响文本内容的可读性，因此可使用简洁的背景对页面内容进行展示。

背景页面一般都是由色块、线条以及简单点缀图案组成的，部分用户也喜欢有一些亮光之类的点缀色，放置内容的空间尽可能开阔，页面效果如图 10-4 所示。

图10-4

页面中使用简单的白色为背景颜色，使用线条对页面标题进行装饰，给人一种干净整洁的感觉

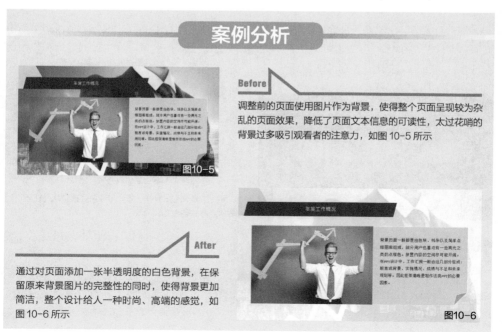

案例分析

Before

调整前的页面使用图片作为背景，使得整个页面呈现较为杂乱的页面效果，降低了页面文本信息的可读性，太过花哨的背景过多吸引观看者的注意力，如图 10-5 所示

图10-5

After

通过对页面添加一张半透明度的白色背景，在保留原来背景图片的完整性的同时，使得背景更加简洁，整个设计给人一种时尚、高端的感觉，如图 10-6 所示

图10-6

10.1.3 框架清晰一些

在 PPT 设计中，工作汇报一般由前言或背景、实施情况、成绩与不足和未来规划等几部分组成，因此框架清晰是制作该类 PPT 的必要因素，从而使观看者对页面内容有清晰的了解，页面效果如图 10-7 所示。

该页面为 PPT 的目录页，通过线条将 PPT 的内容进行指引和解释，详细地说明内容以及先后顺序，使得观看者对该 PPT 的框架内容一目了然

汇报 PPT 必须有字，而且对文字的综合、概括、提炼的水准比对文字材料的要求还要高，因此 PPT 文字要少而精、详略得当，整体页面框架要一目了然，容易阅读，页面效果如图 10-8 所示。

该页面中使用简洁的文字和箭头图示对页面中的内容进行整体布局，使得观看者对页面内容的整体流程一目了然

10.1.4 文字保留一些

在一般情况下，工作汇报 PPT 的制作人不是汇报人，所以要尽可能根据汇报人的演示特点制作 PPT，有时候会出现汇报人不熟悉内容、心理紧张或应对领导深入提问等情况，因此在前言、内页和图表等处要尽可能保留一些提示性文字，如图 10-9 所示。

该页面将提示性文字通过放大和变色处理，从而在演讲过程中起到一定的提示作用

10.1.5 图表丰富一些

机关、国有企业的用户一般喜欢丰富的图表，以彰显专业性和严肃性，同时也避免了传统 PPT 的呆板，这些图表更倾向于艳丽的图表色彩、立体的图表质感、内容与背景高度对比的画面风格，如图 10-10 所示。

由于图表既有柱状、线状、饼状、流程、组合和拟物等多样形式，又有递进、并列、综合、扩散、对比、包含、循环、层级、关联、强调、联动和交叉等多种含义，因此我们平时要留意和收集一些常用的图表模板，以便需要时选取合适的图表来使用。

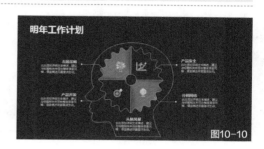

页面中通过人物头像的方式将工作计划清楚地划分出来，在清楚表达页面内容的同时，增强了观看者阅读的欲望

图10-10

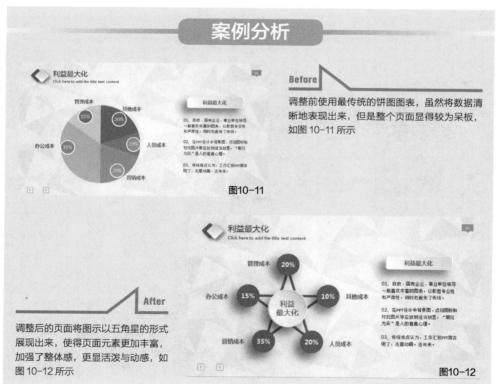

案例分析

图10-11

Before

调整前使用最传统的饼图图表，虽然将数据清晰地表现出来，但是整个页面显得较为呆板，如图 10-11 所示

After

调整后的页面将图示以五角星的形式展现出来，使得页面元素更加丰富，加强了整体感，更显活泼与动感，如图 10-12 所示

图10-12

10.1.6 图片多样一些

在 PPT 设计中背景图、点缀图标和衬托图片等应放到适当放置，"眼见为实"是人的普遍心理，图片的大量应用会大大增加说服力，同时有效地增强页面的图版率，如图 10-13 所示。

图10-13

使用多彩的图片对页面内容进行装饰,从而达到丰富页面内容的效果,使得整个页面呈现多样化的效果,统一了整个页面的视觉效果

提示

在 PPT 制作过程中,虽然是将图片以多样的形式进行展示,但在一个 PPT 页面中也不要选用太多的图片,否则在有限的时间内观看的图片太多,停留的时间会太短,无法清晰表达页面中的内容。

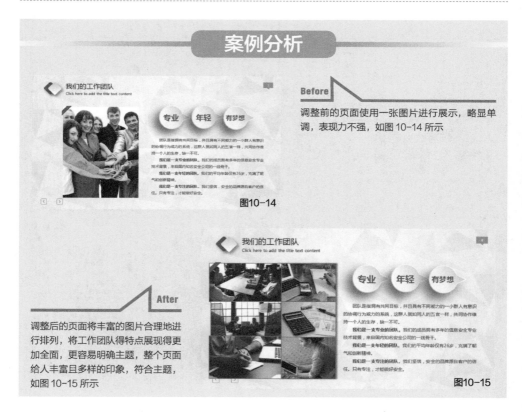

案例分析

Before

调整前的页面使用一张图片进行展示,略显单调,表现力不强,如图 10-14 所示

图10-14

After

调整后的页面将丰富的图片合理地进行排列,将工作团队得特点展现得更加全面,更容易明确主题,整个页面给人丰富且多样的印象,符合主题,如图 10-15 所示

图10-15

10.1.7 动画适当一些

传统观点认为,工作汇报 PPT 简洁明了,无需动画。近年来,PPT 动画的应用已经深入人心,特别是逻辑动画的应用,不仅让 PPT 变得鲜活,而且有利于理清思路、强化 PPT 的说服力。在机关单位,工作汇报 PPT 不要动画是不行的,但动画过于花哨也是万万不能的。

10.2 工作汇报 PPT 的准备工作

PPT 应用越来越广泛，而工作汇报型 PPT 则是其应用最主要的类型。工作汇报 PPT 该怎么做？这正成为一门学问。

PPT 制作最有效的方法是，先用"加法"把平时搜集的、与汇报内容相关的素材放到 PPT 中，然后再做"减法"，把重复和相关性不大的素材删除或去掉图表中无用噪声只保留有用信息。

10.2.1 设计思路

在设计 PPT 的过程，首先要对内容进行明确，不能像流水账一样对于前天、昨天、今天都干了什么简单地进行汇报，要分类分项、有条理地汇报。因此在制作 PPT 的过程中，要多使用图示、图片以及图标对页面内容进行指引和展示，配色主要以简洁、稳重为主，使用传统的颜色较为稳妥，例如蓝色、红色和灰色等。

当确定制作工作汇报类的 PPT 时，将自己置于一个汇报者的位置，面对评委、观众，自己将会怎样汇报这 50 页的材料，这汇报的思路就是 PPT 制作的思路。PPT 是辅助工具，是 PPT 跟着语言走，而不是语言跟着 PPT 走。

10.2.2 颜色选取

根据上面的设计思路，初步决定使用简洁又大方的浅灰色为主色，至于页面的辅色，可通过页面的不同内容以及形式选择合适的色彩对页面进行点缀，搭配深灰色的文本，使得页面呈现简洁、大气的效果，如表 10-1 所示。

表 10-1

颜色	色彩意象
浅灰色	干净，简约大方，淡雅庄重
深灰色	突出文本重要元素，代表沉稳、严肃的工作态度

由于在设计工作汇报类型的 PPT 时要使整个页面呈现严肃且稳重的风格，因此在这里使用灰色为主色调，有效烘托其他元素，使得页面看起来干净素雅，使用深灰色为文本色，与背景页面相呼应，并能够提高文字信息的辨识度。

10.2.3 素材选取

无论制作哪种类型的 PPT，在制作页面之前，收集素材都是必要的工作之一，由于工作汇报类的 PPT 页面元素较为单调，因此也会使用图标、图片和图示对页面进行装饰，从而更加直观地突出主题内容。图 10-16 所示为该工作总结汇报中使用的素材。

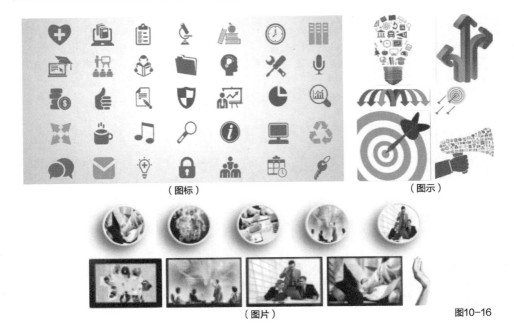

（图标）　　　　　　　　　　　　　　　（图示）

（图片）　　　　　　　　　　　　　　　　图10-16

10.2.4 字体选择

由于该 PPT 以工作汇报为主题，字体选择应以清晰为第一原则，因此标题文字使用微软雅黑，正文字体使用宋体，使得整个页面呈现严肃且有力的感觉，如图 10-17 所示。

由于微软雅黑字体个性独特，字形稍扁，具有典雅的气质，而且笔画较粗，因此在距离较远时也能非常清楚的看到字体整体形态美；宋体的笔画很细，即使文字很小，也很容易辨认。因此微软雅黑与宋体搭配，能够很好的互补，又能形成流畅的视觉过渡，对比明显。

微软雅黑　　　宋体

图10-17

10.3 工作汇报 PPT 的制作过程

与简洁 PPT 的制作过程一样，工作汇报 PPT 的制作总共分为 5 个步骤，分别为制作封面页、制作"目录页"、制作过渡页、制作内容页和制作结束页，但工作汇报 PPT 与简洁 PPT 的内容以及要求完全不同，下面分别对各个页面的制作进行详细的介绍。

10.3.1 制作封面页

在为工作汇报做 PPT 封面时，需要注意的是使用符合主题的背景，不宜太过阴沉或太过艳丽。由于之前将主色调定为灰色，但仅仅使用灰色为主色调会使得页面过于平凡，没有层次，因此在这里选择灰色的渐变色作为背景，从而使得页面呈现简洁、平静的效果，如图 10-18 所示。

页面使用由白到灰的径向渐变为背景，增强了页面的韵律感，体现工作汇报总结 PPT 的简洁感

RGB(201 201 201)　　　RGB(255 255 255)

图10-18

相关链接

对于灰色的使用，本书已经进行了详细的讲解，读者可根据自己的需要自行参阅 2.3.4 小节的内容。

工作汇报类的 PPT 的封面一般包括时间、标题和说明文字等，之后再将页面标题内容放置在页面中，如图 10-19 所示。将页面年份使用 66 号的微软雅黑字体，标题使用 28 号的微软雅黑，而最下面的标题解释使用字号较小的宋体进行展示，从而使得页面标题更加具有层次感，起到过渡视觉效果的作用。

提示

将封面的页面标题放置在页面中时，要注意对各部分文本字号的设置，从而达到标题层次清晰、主次分明的效果。

页面使用最为传统的方式对页面标题进行排列，虽然符合人们从上到下的视觉习惯，但容易给人带来无趣、乏味和刻板的印象，缺乏特色

图10-19

由于该页面中的元素较为单调，因此可使用线框对页面标题进行装饰，同时起到了限定标题内容的作用，如图 10-20 所示。

页面中通过使用灰色的立体化的线框对页面标题进行限定，在丰富页面元素的同时，增强了页面的层次感和立体感

图10-20

相关链接

对于如何在 PPT 中使用线框，本书已经进行了详细的讲解，读者可根据自己的需要自行参阅 5.1.3 小节的内容。

提示

立体化线框的制作方法是，在 PowerPoint 中的"格式"选项卡下选择"形状效果"命令为形状添加阴影效果。

使用正方形的线框，使得页面太过于规整，给人一种约束的感觉，这时可将正方形改为菱形，从而增强页面元素的动感效果，呈现锐利且有力的视觉效果，如图 10-21 所示。

页面中通过使用菱形线框对页面标题进行点缀，有效地改善了页面元素的展现形式，加强了整体感

图10-21

由于使用灰色的线框过于单调和呆板，因此使用不同颜色的色块对线框进行装饰，不至于使得整个页面显得过于无趣，同时达到丰富页面色彩的作用，页面如图 10-22 所示。

图10-22

页面中通过使用不同颜色的色块对线框进行装饰，使得线框以更加丰富的形式展现出来，形成较为独特的视觉效果

由于该 PPT 的背景采用了较为干净、素雅的灰色，因此可通过将文本颜色修改为与色块颜色相同的颜色，达到突出页面标题的作用，增强了页面的统一性，页面如图 10-23 所示。

图10-23

页面中通过将文本修改为与线框背景相同的颜色，丰富了页面的元素，但整个版面呈现一种头重脚轻的视觉效果

色块的使用虽然对页面内容起到了突出的作用，但是对整个版面造成了破坏，这时可通过对页面标题进行形状点缀，从而使整个版面形成较为平衡的效果，页面效果如图 10-24 所示。

图10-24

页面中通过使用向右滑动滑块的方式对标题文字进行装饰，增强了页面的趣味性，给人以现代、科技的感受

提示

在制作该页面时，为了迎合向右滑动滑块的动作，可在此处添加一个解锁的声音，从而更加形象地对此动作进行解释，与页面内容相呼应。

由于页面标题文字较为平常，因此可通过对标题个别文字进行加粗处理，从而使标题文字区分较为明显，重点内容突出，页面效果如图 10-25 所示。

通过对页面标题进行加粗处理，在不破坏整体构图的同时，能够给人一种视觉上的冲击感

图10-25

相关链接

对于如何在 PPT 中优化关键字，本书已经进行了详细的讲解，读者可根据自己的需要自行参阅 6.1.1 小节的内容。

10.3.2 制作目录页

目录是整个 PPT 的大纲，所以要全面且精炼，做到不重不漏。将 50 页的汇报材料分成几个部分，要慎重，取舍要恰当，不能舍本逐末。因此在制作工作汇报的目录页面时，目录页的设计与内容排版也是非常重要的环节，页面效果如图 10-26 所示。

图10-26

页面中只是简单地对目录页的内容进行排列，整体主次分明，但整个页面较为单调和呆板，无法吸引观看者的注意力

提示

按照工作汇报的内容充实量以及观看者的接受耐心，一般分点在 4～6 点之间最为合适。

在对页面标题进行添加后，由于页面形式过于简单，页面留白过多，显得空旷和单调，这时可通过对标题内容进行排版设计，从而使得页面的版式更加丰富，页面效果如图 10-27 所示。

通过对页面元素进行圆弧式的排列，使得整个页面版式较为活泼，形成别致的构图方式

图10-27

在对页面标题进行排列之后，整个页面的色彩较为单调，这时可通过改变标题文字的字号对页面的标题进行突出，并使用不同色彩的形状对其进行点缀，"目录"使用红色形状做点缀，标题 1 和标题 5 也使用红色做点缀，整体形成一个三角式的构图方式，整体布局看起来较为稳定，其他标题使用红色的补色进行点缀，整个页面色彩较为丰富，同时又不失简洁性，如图 10-28 所示。

通过对页面元素进行放大和变色处理，使得文字显示更加清晰，有效地改善了整个页面的色彩，整体给人动感和有趣的视觉感受

图10-28

10.3.3 制作过渡页

由于工作汇报类的 PPT 过渡页面内容较多，因此将整个页面的内容层次分明地表现出来是非常重要的一环。首先将需要展示的内容以传统的方式放入页面中，页面效果如图 10-29 所示。

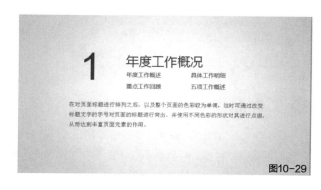

该页面中标题使用 32 号的微软雅黑字体，与首页标题相呼应，并将内容简单地罗列出来，整体层次主次分明

图10-29

将页面内容进行添加后，虽然页面主题内容主次分明，但整个页元素较为简单，这时可通过对页面中的二级标题添加项目符号，使得页面内容更加清晰明了，层次分明，页面效果如图 10-30 所示。

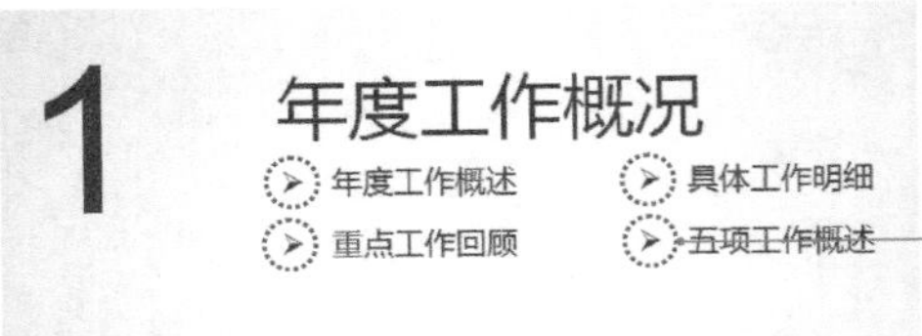

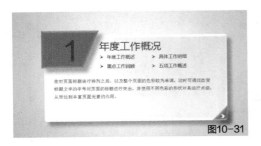

图10-30

页面中项目符号的使用，丰富了页面内容的表达形式，使得整个页面视觉流程清晰

> **提示**
>
> 在页面中使用项目符号时，需要注意的是每页幻灯片最多包含 6 个项目符号，并且每段的句子要短，这样才能使文字变大，容易辨认。

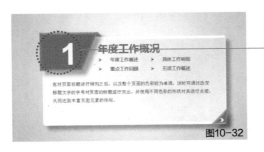

在该页面中可通过使用微立体的风格对整个页面进行衬托，从而使得整个页面呈现立体的视觉效果，整体页面具有层次感和空间感，如图 10-31 所示。

页面中通过使用带有阴影效果的形状对页面内容进行衬托，向观看者展示了年度工作概况的总结，增强页面的可读性及趣味性

图10-31

在对页面进行装饰后，可根据页面的整体风格以及元素对标题文字的色彩进行改变，从而达到与页面元素相互呼应的效果，在丰富页面色彩的同时，统一整个页面的视觉效果，如图 10-32 所示。

页面中将标题文字改为蓝色，与形状颜色相呼应，在突出标题文字的同时，整个页面形成一定的规范感，也便于阅读

图10-32

10.3.4 制作内容页

众所周知，内容页的设计是在模板的基础上进行编排和设计的，因而在制作内容页之前，应先对模板页进行设计。模板的设计也是较为简单的，图 10-33 所示为该工作汇报总结的模板效果。

图10-33

该页面为模板页，页面标题使用14号的微软雅黑字体，与封面标题相统一，使用虚线对标题内容进行装饰，并将其居中显示，使标题内容一目了然

提示

PPT模板页的背景及图形构成应以符合主题为第一原则，兼顾美观和简洁。图形内文字不宜过多，图形结构和文字搭配使用合理，文字颜色须照顾到模板的颜色。

在对模板页进行确定后，就可对内容进行添加，并将标题文字进行加粗和放大处理，根据之前的设计思路，使用宋体为正文字体，使得页面文字内容层级分明，页面效果如图10-34所示。

图10-34

该页面中由于内容较为单调，因此使用将段落居左对齐的方式进行排列，整体页面显得整齐划一，段落分明

由于页面元素较为单调，通过对相关主题图片的展示，能够更加形象地表达其内容的含义，使人瞬间了解其PPT想要表达的内容，有呼应页面的作用，整个页面给人稳定、时尚的感受；整个页面以左置型的排列方式对页面内容进行排列，将图片放置在页面的左侧，与文字形成有力的对比，符合人们从左到右的视觉流程，如图10-35所示。

图10-35

该页面中使用合作努力的手势图片将工作情况表达出来，使用图片将页面呈左右布局排列，增强了页面的图版率

相关链接

对于如何在PPT中使用图片，本书已经进行了详细的讲解，读者可根据自己的需要自行参阅4.2.3小节的内容。

提示

在 PPT 中使用图片时，应当注意图片是否符合主题、是否清晰，当图片上有破坏整体、主题的文字或图案时，应进行清理后进行使用。

由于该页面的内容较少，较为单调，因此使用微立体的图标对内容进行点缀，与过渡页的整体形象相呼应，同时增强了页面文字的可读性，从而成功吸引观看者的注意力，如图10-36 所示。

该页面中使用微立体的图标对页面内容进行点缀，丰富了页面的元素，从而使页面更具有立体感以及表现力

图10-36

提示

在 PPT 中使用图标时，应当注意图标应摆放整齐有序，大小合适，并与页面中段落文字对齐排列，使其美观、一目了然。

由于页面中的段落文字较多，虽然排版较为整齐，但段与段之间的区分却不是特别明显，因此，可使用虚线对段落进行分割，从而与页面标题相呼应，达到统一的视觉效果，如图10-37 所示。

该页面中使用虚线对页面进行划分，使页面显得更加柔和，整体更加均衡，区分更加明显，并增强了页面的可读性

图10-37

相关链接

对于如何在 PPT 中使用线条分割页面，本书已经进行了详细的讲解，读者可根据自己的需要自行参阅 3.4.5 小节的内容。

10.3.5 制作结束页

最后一页结束页，采用的形式与首页的表现形式基本相同，前后内容相呼应，层次分明，流程清晰，并使观看者的印象得到强化，如图 10-38 所示。

该页面与首页内容相呼应，形成前后对应的形式，同时也给人稳定、平衡的视觉效果

图10-38

至此，已经对该 PPT 的重点页进行了制作，其他的内容页面可根据自己的需要进行排列和设计，从而完成整个 PPT 的制作。下面向读者展示了 PPT 中两种其他页面的表现形式，如图 10-39 所示。

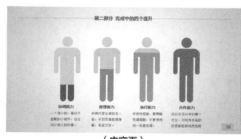

该页面中采用左右对齐的方式对页面内容进行排列，并使用形象的人物填充表明该项具有的能力，整个页面显得清爽，不紧凑，而且具有趣味性

（内容页）

该页面中采用图文结合的方式对页面内容进行展示，并通过对图片进行合理的排列和放大处理，从而有效地使页面形成层次感，通过图标对页面文字进行点缀，从而使页面内容更加饱满

（内容页）　　　　　图10-39

10.3.6 添加动画

由于该 PPT 为工作汇报总结，因此在添加动画时要注意在不影响页面内容的可读性的前提下对 PPT 页面元素添加动画效果，动画出现的形式不要过于复杂和频繁，合理的动画设置能够帮助该 PPT 在进行展示时增添光彩，图 10-40 所示为该 PPT 添加淡出的动画效果。

图10-40

该页面中采用淡出的动画效果增强了页面播放的趣味性，同时整体给人轻松的视觉效果

提示

一个好的 PPT，动画是必需的，但不是动画越多越好，应该是动静结合、张驰有度，动的形式是为更好地展示内容而存在。动画的作用是：展示逻辑顺序；突出特色亮点；展现丰富的内容，即让观众形成做了大量工作的印象；显得活跃一点、不呆板。

10.4 专家支招

通过本章的学习，相信读者已经对工作汇报类的 PPT 的设计和制作有了一定的了解，下面向读者介绍制作工作汇报类 PPT 的基本环节，并对优秀作品进行欣赏。

10.4.1 基本环节

要使用多媒体（PPT）对工作进行汇报时，应注意对汇报 PPT 整体风格的把握、母版的选取和制作、构图的安排、文字的运用、图片和图表的选取以及整体调整等环节。

● 整体风格的把握。

汇报者首先要根据汇报的中心思想对汇报 PPT 的整体风格进行规划和构思，按照整体风格定位，去收集整理汇报内容所需的母版、文字、图片和图表等素材。

● 母版的选取和制作。

母版的使用是体现汇报 PPT 整体风格的重要元素，可以使用软件自带的母版，也可以从网络上下载母版，除此之外，还可以自己动手来制作母版。

● 构图的安排。

汇报 PPT 的构图其实和拍摄照片或是美术创作时讲的构图是相同的概念，就是根据汇报 PPT 的风格，把要表现的元素适当地组织起来，构成一个协调完整的画面。常用的构图形式有：水平式、垂直式、渐次式和对称式等。无论采用哪种构图方式，最终构图的基本原则是保证整体页面的平衡，平衡感会让人感觉安定和舒畅，如图 10-41 所示。

图10-41

该页面中采用左右排列的方式对页面内容进行编排，使用简单的图示对页面内容进行点缀，增强页面的表现力，同时使整体更加稳定

● 文字的运用。文字要根据 PPT 内容进行适当的选取。文字的颜色要醒目，要易于识读。需要注意的是，同张幻灯片中文字的字体、字号、颜色不宜过多或过杂，如图 10-42 所示。

图10-42

页面中使用白色的文字对内容进行编排，通过不同的字号对标题和正文内容进行区分，整体页面呈现干净、整洁的效果

● 图片和图表的选取。在制作汇报 PPT 时，如需插入图片，要注意重点突出，文字尽量不要覆盖在图片上，如图 10-43 所示。图表的运用可以使很多抽象数字变得更加直观，在汇报 PPT 中适当加入图表会使整个汇报显得生动起来。

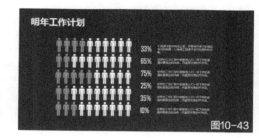

图10-43

页面中使用较为形象的人物填充将各部分的百分比更加形象地展现出来，激发观看者的兴趣，同时令整体更加活泼生动

● 整体调整。汇报 PPT 制作完成之后，还要进行多次的调试、修改和完善，以确保汇报 PPT 运行的顺利和流畅。从整体色调的把控、文字的排版、图片及图表的设置等方面反复地进行推敲。这些进行完之后，还要通过移动设备将 PPT 拷贝到实际演示的场地进行预演，并结合实际场地的布局、环境光线、播放设备等因素对汇报 PPT 再次进行调整。

10.4.2 作品欣赏

优秀的工作汇报 PPT 能够使人们对 PPT 所要表达的内容一目了然，而鉴赏优秀的 PPT 作品能够使我们快速地提高 PPT 制作水平。

年终需要总结、项目需要总结、活动需要总结、课题需要总结、学习需要总结、执行需要总结等，有工作，就需要总结；有总结，自然要汇报。下面向读者简单展示不同行业工作汇报 PPT 的设计风格以及要素。

销售工作汇报 ···

销售工作汇报基本是以清楚展示销售数据为目的，因此该类型的 PPT 页面内容应以内容清晰和流畅为主，在制作内容页时应多使用图表、图示等对内容进行展示，页面效果如图 10-44 所示。

图10-44

该页面以穿西装的人物图片作为背景，体现了销售行业的职业特性，与主题内容相呼应，并使用蓝色的色块对页面标题进行衬托，整个页面内容分明，给人冷静、严肃的印象

党政工作汇报

在制作党政工作汇报时，可使用红色为主色调，使得整个页面呈现大气的风格，整个页面给人庄重而沉稳的印象，符合主题内容，如图 10-45 所示。

图10-45

该页面中使用红色为主色调，将红色的五角星放置在页面的中间位置，与主题内容相符，整个页面简约大气，简单明了

项目工作汇报

当公司完成一个项目时，就需要对现阶段的项目工作进行汇报总结，例如对进展情况、最终成果等内容进行介绍，使用风格简约的 PPT 能够突出主题的风格，通过简单的概括对页面内容进行表达，如图 10-46 所示。

图10-46

该页面中使用简单的色块对页面标题进行展示，符合简洁的设计理念，通过线条对页面内容进行装饰，呈现了更多细节，丰富了视觉效果

10.5 本章小结

一个好的 PPT，其精彩的页面布局、新颖的形式和创意能吸引受众，让其认同用户所传递的观念。本章主要对工作汇报类的 PPT 的制作及设计进行详细的讲解，并对工作汇报类的 PPT 特点进行详细的介绍，通过本章学习，希望读者能够掌握工作汇报类的 PPT 设计技巧和处理方法，能够根据不同的主题内容选择合适的页面设计方式。

第

第11章
设计课件
PPT模板

课件是在一定的学习理论指导下，根据教学目标设计的、反映某种教学策略和教学内容的计算机教学软件。它能够充分利用文字、声音、图像和视频剪辑等多媒体来展现教学信息，创设情景，解决教学中的重点和难点，从而有效地提高教学质量。

提示

随着科技的普及和计算机的发展，在不久的将来，将会丢弃传统课堂上的黑板式讲课方式，迎来的必将是全新的多媒体授课时代。所以无论老师们是教什么的，PPT 课件制作将成为未来老师们的一项最基本的技能。PPT 无论从哪个层面上来看，都要比传统授课方式好。

11.1 PPT 课件制作的基本原则

PowerPoint 是目前最常用的演示文稿制作工具，由于它多媒体的功能强大而又简单易学，因此很多教师都以 PowerPoint 为工具制作课件。PowerPoint 内置丰富的动画、过渡效果和多种声音效果，并有强大的超级链接功能，可以直接调用外部众多文件，能够满足一般教学要求。但在制作 PPT 课件时需要遵守以下几条基本原则。

11.1.1 主题明确

主题就是作者在说明问题、发表主张或反映生活现象时通过全部文章内容所表达出来的基本意见或中心思想，主题亦称主题思想。

PPT 课件，作为板书的替代，它要为教学服务，清晰的主题能够让学生清晰地明白这节课的内容是什么，如图 11-1 所示。

图11-1

页面中将标题"爱莲说"放置在页面中，清晰地表明主题内容，与背景图片相呼应，内容与美的形式完美统一

11.1.2 结构清晰

要做到结构清晰，首先课件中的文字要精练，教材上的大段文字阐述不必在课件中重复出现，即使要出现，也尽量浓缩，以浅显、精练的文字归纳出要点。其次，在课件中可多次重复目录页，每讲完一个大问题，都重复播放目录页，使走神的学生也能追上课程的思路。还有就是整个课件的项目符号和编号要统一，并尽量与教材保持一致，以方便学生做笔记，如图 11-2 所示。

页面中使用统一的项目符号对课前思考的问题进行排列，并通过合理的人物图片对内容进行展示，使页面显得更加活泼

图11-2

提示

在黑板时代，一节45分钟的课程，教师的板书一般是2~3版，而相同的时间内PPT幻灯片要用到10~25张，PPT使课堂的信息量大大丰富了。但随之而来的一个问题是，如果没有清晰的层次结构，巨大的信息量会让学生晕头转向，做课堂笔记也很困难。

11.1.3 风格统一

PPT课件的风格是指在做PPT课件时表现出来的习惯配色、字体组合方式以及背景等。

风格的统一，更能集中观看者的注意力，教学应用的PPT课件一般应趋于"保守"和"简明"的风格，尽量少的文字说明、动画及动画声音，母版尽量留白，少用背景图片等，如图11-3所示。

页面中将图片放置在页面的右侧，使用红色的色块对页面标题内容进行展示，视觉冲击力较强，使用简单的纹理作为背景，使页面呈现简单、具有质感的效果

图11-3

11.1.4 布局合理

以PPT课件替代板书，能节省教师板书时间，提高了讲课效率。同时，也应站在学生的角度考虑，使每张幻灯片布局简单均衡、逻辑层次分明、主题明确、风格统一，减少不必要的、与主题无关的多媒体信息。

一个完整的PPT课件，一般包括标题页、正文页和结束页，每张幻灯片布局都要有空余空间，有均衡感，整体布局要统一，没有突兀的地方，一个课件一般不要超过30页，页面效果如图11-4所示。

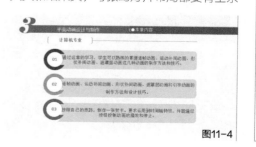

页面中整体布局合理，段落区分明了，层次分明，内容一目了然，整体给人清晰、统一的视觉感受

图11-4

提示

合理的页面布局能够清晰表达表达整个 PPT 的页面内容，从而直观地影响人们的视觉感受，因此 PPT 页面的合理布局也是设计中最重要的一环。

11.1.5 配色简洁

配色一般是指两色和两色以上的组合搭配，有时设计师为取得一种特定效果或受某种限制，用单一色彩去表现对象，同样也是一种配色手法。

在制作 PPT 课件时，包括图表在内，颜色不应该超过 4 种，单张幻灯片上的颜色不应超过 3 种，使用的颜色一定要协调，尽量保持同一色调，不要自造颜色，页面效果如图 11-5 所示。

图11-5

页面中使用简单的白色作为背景，使得页面内容更加突出，使用蓝色的图形对标题文字以及图示进行设置，统一了整个页面的视觉效果，简单、大方

11.1.6 文字规范

文字是记录语言的书写符号体系。一个完整的 PPT 课件，要想围绕主题讲明白道理（内容），文字当然是必不可少的表达手段了，同时还需有简洁、清楚的逻辑层次。

通常采用准确的文字、规范的字体和标准字号表现出不同的逻辑层次。所以，字号和字体也不要随意使用，要力求规范、统一，避免给人眼花缭乱的感觉，一张幻灯片上一般不要超过 3 个层次，不同幻灯片上相同层次的文字要采用相同的颜色、字体和字号，如图 11-6 所示。

图11-6

页面中的标题共分为 3 个层次，各个标题内容使用不同的字号与颜色进行展示，并通过红色的文字对重点内容进行展示，增强了页面的视觉效果，使得页面层次分明，内容清晰明了

提示

在 PPT 课件的设计过程中，除了对页面文字进行字号、字体和颜色的设置外，还应当注意 PPT 中的文字应当简明扼要、准确恰当，避免照搬文字素材的现象。

案例分析

图11-7

Before

调整前的页面文字使用相同的字号和颜色，整个页面的层次逻辑表达不清晰，无法直观地表现页面中的重点内容，如图11-7所示

图11-8

After

调整后的页面将标题文字进行放大和变色处理，使得页面标题一目了然，通过对页面中的数据文字填充红色，突出重点，增强页面的视觉效果，如图11-8所示

11.1.7 图表表达

图表是一种很好的将对象属性数据直观、形象地"可视化"的手段。在 PPT 课件中，合理使用图表能充分发挥多媒体教学的长处，获得语言表达和文字描述所达不到的效果，如图11-9 所示。

图11-9

该页面中通过射线列表图表对选人标准的元素进行详尽的展示，丰富了页面元素的同时活跃了版面

图表的最大特点就是"用事实说话"，一幅好的图表可以用数字、图案等来表达客观事实，形象地反映发展规律和趋势走向，获得文字、照片所达不到的效果。

提示

在 PPT 课件中，我们也会根据具体需要选用一些精美的图片。适当使用图片是必要的，也是有益的。但图片的选择要和整个 PPT 课件基调一致，尽量选用高质量的图片，注意别破坏了 PPT 课件的整体表现力。

11.2 PPT 课件的页面设计

风格独特、美观大方和科学艺术的页面可以激发学生的兴趣，创造一个轻松愉快的学习环境，大幅度地提高学习效果，因而页面的总体风格、内容布局、媒体形式、交互控制和色彩控制对学习者至关重要，页面设计是设计课件 PPT 的重要一环。

11.2.1 一致性

在整个 PPT 课件中，信息呈现的技术应用和艺术处理要统一，显示元素的外观、位置、布局和控制按钮等应尽量保持一致，相对固定，如图 11-10 所示。

页面中将所有的知识内容使用相同的箭头进行展示，从而统一了整个页面的视觉效果，整体页面呈现稳定的感觉

11.2.2 简约性

在设计 PPT 课件时应当尽量减少按钮、菜单和链接等控制元素，在选择信息呈现元素时，要注意使用目的要明确，合理地组织教学内容，控制每页的信息量，使页面内容以简洁明了的形式呈现在页面中，效果如图 11-11 所示。

页面中将信息合理地进行排列，并通过序号对页面内容进行排列，符合简约时尚的设计理念

11.2.3 清晰性

在制作 PPT 课件的过程中，各种提示性信息应力求简单，并且以学习者日常所使用的语言来表示，页面中的按钮、对话框和标注等对象要尽量表示清楚，页面效果如图 11-12 所示。

图11-12

页面中使用人物和注释的形式将问题提出，更加生动形象地展示各项内容，整个页面呈现清晰、动感且活泼的视觉效果

11.2.4 新颖性

由于 PPT 课件大多是文本内容居多，因此缺乏美观性以及趣味性，为了使教学信息以更加精美的外观呈现出来，在制作过程中要充分利用线条、色块和艺术字来美化页面，从而给页面增加动态变化的效果，使得整个页面布局具有创意，风格独特，如图 11-13 所示。

图11-13

页面中使用满是数学公式的黑板作为背景，从而与页面主题相呼应，使用虚线线框对标题内容进行限定，规范了页面的主题内容，整个页面呈现有趣、动感的视觉效果

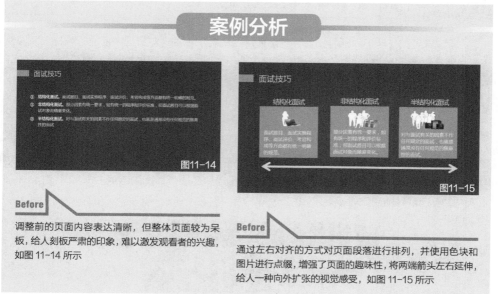

案例分析

图11-14

Before

调整前的页面内容表达清晰，但整体页面较为呆板，给人刻板严肃的印象，难以激发观看者的兴趣，如图 11-14 所示

图11-15

Before

通过左右对齐的方式对页面段落进行排列，并使用色块和图片进行点缀，增强了页面的趣味性，将两端箭头左右延伸，给人一种向外扩张的视觉感受，如图 11-15 所示

11.3 PPT 课件的准备工作

制作课件不是随便拿一些图片、文字资料和音像材料组合到一起就行了，而是要经过精心地选题，搜集、整理、加工素材和认真编写脚本，然后再制作成课件，才能应用于教学。

如果设计的幻灯片杂乱无章、文本过多、不美观，那么就不能组成一个吸引人的演示来传递信息。下面以实际的案例向读者介绍农业种植研究 PPT 课件的制作过程及方法。

11.3.1 设计思路

首先对课件的使用环境及目的进行分析，从而确定课件的教学目标类型（认知领域、情感领域及技能领域）及形式。由于 PPT 课件的各课题的性质不同，因此在决定用色方面也要根据所研究的课题进行选择，在制作过程中可通过使用较为丰富的图片对页面内容进行解释，从而使得内容表现更加多样化。在文本的设置与排列上，要注意在不同幻灯片上相同层次的文字要采用相同的颜色、字体和字号，这样才能够保证整个 PPT 页面的一致性。

11.3.2 颜色选取

由于该 PPT 表达的是农业项目种植研究课题，决定使用绿色为主色调，搭配黄色和绿色的文字使得页面内容更加清晰明了，呈现生气勃勃的效果，符合页面主题，如表 11-1 所示。

表 11-1

颜色	色彩意象
绿色	象征着健康、清新和新鲜
黄色	代表着丰收、活力和充满希望的生活态度

由于该课件的主题为农业种植，在这里使用绿色为主色调，对页面内容进行烘托，使得整个页面呈现健康、丰收的效果，使用黄色文对标题内容进行点缀，使得页面文本色彩较为丰富，主次分明，使用绿色为正文文本颜色，与整体页面相互呼应，呈现和谐、一致的视觉效果。

11.3.3 素材选取

在收集素材时，由于该类的 PPT 内容以基础知识为主，因此图表和图示的使用较少，大多使用图片对页面内容进行展示，可通过使用 JPG 图片对页面进行展示，从而加强用户对内容的理解，又可使用 PNG 图片对整个页面进行点缀，使得页面内容更加丰富，图 11-16 所示为农业项目种植研究课题 PPT 的图片。

（JPG图片）　　　　　　图11-16

（PNG图片）　　　　　　　　图11-16（续）

提示

制作主题鲜明、内容丰富、形象生动的课件是多媒体教学的基础。因此在制作课件时要根据课堂教学内容的特点，精心选择多媒体素材，集图文、声像的综合表现功能，有效调动学生的积极性和充分发挥学生的创造性，提高课堂教学的效率。

11.3.4 字体选择

PPT课件应该以简洁实用为主，因此标题使用方正粗雅宋字体，正文使用楷体，使得整个页面体现专业权威的品质，如图11-17所示。

方正粗雅宋 楷 体

图11-17

方正粗雅宋字棱角分明，笔划较粗，看起来更加饱满，文字也更富有变化；楷体是一种书法字体，字形端正，笔画挺秀均匀，显得文质彬彬，让人感觉传统、自然和亲近。因此，方正粗雅宋与楷体搭配使用，能够很好地形成视觉上的过渡，给人舒适、温和、平静的视觉感受。

11.4 PPT课件的制作过程

课件类PPT与其他类型的PPT组成结构相同，是由封面页、目录页、过渡页、内容页和结束页组成的，由于该课件PPT的整体内容较少，因此没有对过渡页进行制作，下面向读者详细介绍各页面的制作过程与效果。

11.4.1 制作封面页

封面页使用标准型的版式对页面内容进行排列，自上而下地对标题、说明文字和图片进行排列，使得整个页面思路清晰，内容清晰明了，如图11-18所示。

该页面中使用上下分明的格局，符合人们从上到下的视觉流程

根据上面的设计思路，决定使用绿色为背景颜色，由于仅仅使用绿色为主色调，因此可使用带有纹理的图片对背景进行点缀，从而增强页面的质感。在制作过程中可使用图片对页面进行装饰，在丰富页面元素的同时，增强 PPT 的视觉效果，其页面效果如图 11-19 所示。

页面中使用带有纹路的图片作为背景，增强页面的质感，体现页面的层次感

RGB (54 140 75)

提示

在 PPT 中，可通过 PowerPoint 中的"格式"选项卡下的"形状填充"的"纹理填充"命令为形状添加纹理，也可通过图片对形状添加纹理填充。在为形状添加纹理填充时，需要注意的是要根据页面的整体风格进行设置，否则会破坏整个页面的表达形式，适得其反。

封面也是课件显示的首页，应该包括课件的名称、制作人和学生等必要的说明，像书的封面一样，力求设计新颖、简洁明快、突出主题且富有创意。页面中使用 32 号的方正粗雅宋体为标题字体，使用字体较为纤细的楷体为说明文字字体，从而使得整个页面主次分明，内容清晰，如图 11-20 所示。

页面中使用较为传统的居中方式对页面标题进行排列，虽然内容清晰明了了，但是整个页面较为呆板与单调，无法吸引观看者的注意力

由于只有标题的页面整体显得较为空洞，毫无美感可言，因此在制作过程中可使用图片对页面进行装饰，在丰富页面元素的同时，增强 PPT 的视觉效果，页面效果如图 11-21 所示。

图11-21

页面中使用丰富的图片对页面内容进行装饰和点缀，并将它们以等比例水平排列，最后使用一张长条的图片放置在底部，从而使得页面整齐而均衡，增强整体感

相关链接

对于如何在 PPT 中对图片进行排列，本书已经进行了详细的讲解，读者可根据自己的需要自行参阅 4.3.1 小节的内容。

在使用图片对页面内容进行装饰后，可通过改变标题的排列方式，从而加强页面的流动感，使得整个页面视觉流程清晰，丰富页面标题的表达形式，效果如图 11-22 所示。

页面中通过将标题向左移动，从而使标题内容显得更加活泼，具有动感，打破传统呆板的排版方式，同时使整体页面显得更加稳定

图11-22

11.4.2 制作目录页

整个目录页采用垂直排列的方式对页面内容进行排列，在丰富页面形式的同时，符合人们从上到下的视觉流程。

在制作该 PPT 的目录页时，根据之前的设计思路，选择绿色为文本颜色，选择方正粗雅宋为标题字体，与首页标题内容相呼应，使得整个 PPT 统一而和谐，如图 11-23 所示。

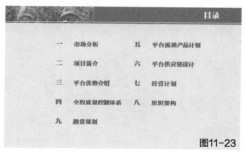
图11-23

页面使用传统的居中排列标题的方式对内容进行编排，整个页面规整而清晰，但左右分布不均匀，缺乏节奏感

提示

目录作为课件的灵魂，有着极其重要的作用。一个好的清晰简明的目录，可以帮助观看者对课件的结构了如指掌。制作课件时，目录是必不可缺的部分。要注意的是，目录页一定要和整体的模板风格统一，否则目录页再漂亮也会显得突兀。

为了使用页面内容形式更加丰富，可改变整个目录的编排方式，将目录内容以竖排文本的方式进行编排，从而增强整个页面的流动感，增强文字的表现力，丰富页面的层次，如图 11-24 所示。

图11-24

页面中将标题通过竖列排列的方式进行展示，增强了页面的流动感，整体显得十分流畅

虽然改变标题的排列方式后页面整体形式较为丰富，但整个页面的色彩还是较为单调，因此通过改变目录的序列颜色，从而使得整个页面内容更加突出，使得标题信息层级更加分明，如图 11-25 所示。

图11-25

页面中通过将序列文字改变为黄色，在突出文字的同时丰富页面的色彩，但整体上下区分不明显，节奏感较弱

将序列文字进行变色处理后，整个页面的上下区分仍不明显，且整个页面显得较为空旷，这时可使用线条对页面标题进行分割，如图 11-26 所示。

图11-26

页面中使用黄色的直线对页面内容进行分割，与序列文字相呼应，整体主次分明，流程清晰，保证阅读的顺利

11.4.3 制作内容页

内容的编排与设置都是在母版的基础上进行的，因此在对内容页进行编排和设置时应先对母版进行设计，母版的使用能够统一整体 PPT 的形式，并提高制作效率。下面向读者展示农业种植研究课件的母版效果，如图 11-27 所示。

页面顶部使用图片与色块拼接的方式，使得整个页面显得不是特别单调，将标题内容放置在右侧，与图片相互呼应，维护整个页面的平衡效果

图11-27

由于课件 PPT 主要以教学内容为主，因此内容页文本内容较多，为了将所有元素都放置在一个页面中，使用传统的从上到下的排列的方式对页面内容进行展示，如图 11-28 所示。

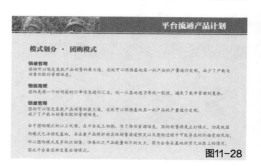

页面中标题文字为较粗的方正粗雅宋字体，整体层次分明，与其他页的内容相互呼应，保证整个 PPT 页面的一致性

图11-28

提示

当页面的文本内容较多时，可通过合理地设置字号、段落的栏宽以及段距对页面内容进行编排，从而有效地将文本内容合理地放置在同一个页面中。

相关链接

对于如何设置文字的大小，本书已经进行了详细的讲解，读者可根据自己的需要自行参阅 6.2.3 小节的内容。

整个页面的字体都使用同一种颜色，与背景颜色相呼应，但整个页面的重点内容不突出，整体辨识度较低，这时可通过改变标题文字的色彩，从而有效地增强页面的视觉冲击力，如图 11-29 所示。

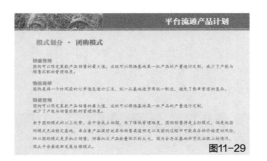

图11-29

页面中通过将标题文字进行变色处理，突出了页面中的标题文字，使得观看者加深对标题文字的印象

相关链接

对于如何对文本主次进行区分，本书已经进行了详细的讲解，读者可根据自己的需要自行参阅 6.2.5 小节的内容。

由于该页面中的文字内容较多，页面元素较为单一，页面内容表达不够形象，因此可通过使用与主题内容相关联的图片对页面进行点缀，增强图文之间的关联，从而有效地增强页面内容的趣味性，如图 11-30 所示。

图11-30

该页面中通过使用图片形象地对页面内容进行展示，从而有效增强观看者对内容的理解，并通过图片错落排列的方式增强页面的动感，合理地使用线条对内容进行指引，加强图文之间的关联，使内容更加清晰

为了使该页面中的各个段落之间层次更加分明，使用线条对页面内容进行分割，同时起到装饰和约束版面的作用，如图 11-31 所示。

图11-31

页面中使用黄色的线条对页面内容进行分割，整体页面显得主次分明，层次清晰，从而有效地增强页面的可读性

提示

在使用线条对页面进行分割时，应当注意的是要根据页面中的内容将其划分主次关系，这样才能够使页面拥有良好的视觉主次秩序。

11.4.4 制作结束页

当用户将课件的内容制作完成后，就可结束该 PPT 的制作，在一般情况下，PPT 会通过结束页来告诉观看者 PPT 已经全部演示完毕，该 PPT 课件的结束页以图片作为背景，如图 11-32 所示。

页面中使用一张丰收图作为背景，与主题内容相呼应，并将"谢谢"以传统的方式放置在页面中，可读性不高 图11-32

由于该页面中使用图片作为背景，因此导致文本内容的可辨识度不高，这时可通过使用色块对页面标题进行衬托，改善最终的页面效果，如图 11-33 所示。

该页面中使用与首页背景相同的色块对标题内容进行点缀，前后呼应，在清晰表达页面内容的同时形成统一感 图11-33

以上对 PPT 课件各个页面的制作进行了详细的讲解，在制作过程中可发挥自己的创意，合理地运用各个元素，根据内容的需要对页面进行编排和设计，从而完成整个 PPT 的制作。下面向读者展示该 PPT 其他页面的表现形式，如图 11-34 所示。

该页面中通过立体化的饼图对页面中的内容进行展示，整体内容简洁而清晰，更加形象地将数据展示出来

（内容页） 图11-34

第 11 章 设计课件PPT模板

（内容页）　　　　　　图11-34（续）

页面中使用简单的 PNG 图片对页面内容进行装饰，图片合理地与背景融为一体，在丰富页面元素的同时不失页面的协调性

相关链接

对于如何使用图表，本书已经进行了详细的讲解，读者可根据自己的需要自行参阅 7.4.3 小节的内容。对于如何对图片格式进行转换，本书已经进行了详细的讲解，读者可根据自己的需要自行参阅 4.4.3 小节的内容。

11.4.5　添加课件控制元素

　　课件控制元素包括程序控制和用户控制两种，程序控制，如进入和退出课件的操作按钮等；用户控制，一般通过按钮、菜单和热点链接等屏幕元素来实现操作，如在课件中前后翻页、播放声音和电影，及选择内容时使用的按钮和热字链接等。

　　在 PPT 中使用热字链接能够帮助用户合理且协调地将 PPT 中的各个元素和页面通过超链接构成一个有机整体，使浏览者能够快速访问想要访问的页面，如图 11-35 所示。

图11-35

提示

在PPT中可通过"插入"选项卡下的"超链接"选项为文字添加超链接。一个完整的课件中存在着大量的超链接，在设置完这些链接以后一定要通过播放来检查一下链接和动作的正确性，以防出现死链或不应有的动作，这是保证一个课件质量最重要的一个环节。

11.4.6 添加动画

在为PPT课件添加动画时，尽量少用动画，但也不是绝对不用动画，适当使用和主题密切相关的短小动画，同样会提高教学的效果，帮助观看者理解讲课人的思想，但不要让动画破坏了讲课气氛，过多地吸引观看者的目光，减少对讲课人讲述内容的关注和理解。图11-36所示为该PPT课件添加的轮子动画效果。

为页面的图片添加动画效果后，使得图片出场的方式更加特别，从而增强了幻灯片播放的趣味性，增强页面的动感

图11-36

11.5 专家支招

通过本章的学习，相信读者已经对PPT课件的制作和布局有了一定的认识和了解，PPT课件的应用范围非常广泛，不同的课题使用的表达形式也各不相同，只有根据课题的内容选择合适的PPT制作方式，才能够提高教学信息传播效率，增强教学的积极性、生动性和创造性。下面向读者介绍多媒体课件的基本类型，并对优秀课件进行欣赏。

11.5.1 课件的类型

学习是人们不断进步的一种方式，有学习就会有教程，有教程自然就会有PPT课件，选题决定着课件的类型，下面向读者简单介绍几种常见的课件类型。

课堂演示型

课堂演示型课件通过图、文、声和像等多种媒体元素，按照教学思路逐步深入地展开教学内容，适合于课堂教学。课堂演示型课件通常是在多媒体教室通过投影屏幕展示给学生的，因此该类型课件要直观，文字清晰，尺寸比例要大，如图11-37所示。

页面中通过合理的人物形象将历史文化清晰地展现出来，将标题文字通过书法字展现出来，整个页面呈现出古老、历史悠久的视觉效果

自主学习型

自主学习型课件是以确定学生学习中的主体地位为基础，以多媒体为手段，以自主学习为核心的课件模式。自主学习型课件强调个别化教学，具有完整的知识结构，能反映一定的

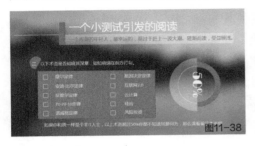

教学过程和教学策略，提供相应的形成性练习供学生进行学习评价，并设计友好的界面让学习者进行人机交互活动，适合不同学生自主学习使用，如图 11-38 所示。

页面中通过互动的方式展现内容，让学生在信息的引导下积极主动地学习，从而增加学生自主学习的兴趣

训练复习型

训练复习型课件通过提出问题的形式训练和强化学生某方面的知识和能力，课件的内容在安排上要分为不同的等级，逐级上升，根据每级目标设计题目的难易程度，使用者可以选定训练等级进行学习。这种类型的课件一般应用在习题测试和单词记忆等方面，页面效果如图 11-39 所示。

该页面为训练复习型的 PPT 课件页面，页面中通过相应图片对页面内容进行展示，并使用合理的联想方式对页面内容进行分析，加深观看者对页面内容的理解

> **提示**
>
> 在针对不同的教学内容及学习对象时，选择合理的页面表达形式也是非常重要的内容，一个课件的展示不但要取得良好的教学效果，而且要使人赏心悦目，使人获得美的享受，美的形式能激发学生的兴趣。优质的课件应是内容与美的形式的完美统一，要具有审美性。

11.5.2 作品欣赏

不同的教学内容需要不同的媒体形式来表现，不同课件的 PPT 表达形式也不尽相同，下面向读者展示不同选题的 PPT 课件。

幼儿课件

针对年龄较小的观看者，只有设计较为卡通、圆润且色彩较为丰富的页面才能够吸引观看者的注意力，在制作过程中要多使用较为卡通的人物及多样的表现形式将页面内容展现出来，如图 11-40 所示。

页面中通过星形对图片进行展示，使用较为卡通的图片作为背景，整个页面给人活泼、热闹的感觉

图11-40

化学课件

在制作化学课件时，可使用绿色和蓝色为主色调，从而体现化学的科技感与神奇，页面使用与化学相关的图片进行点缀，从而丰富整个页面的表现形式，如图 11-41 所示。

页面中使用绿色为主色调，搭配黄色的文本，突出页面内容，整个页面呈现神秘且丰富的视觉效果

图11-41

英语课件

英语课件主要以英文单词为主，因此在制作过程可通过自己的创意将页面中英文单词进行划分，并通过合理新颖的排版以全新的方式呈现出来，如图 11-42 所示。

页面中将英文单词"English"进行拆分设计，通过形象的人物图片进行点缀，从而有效地增强页面的趣味性

图11-42

语文课件 ···●

　　语文课件一般以体现中国的传统文化为主，图 11-43 所示的页面为文言文的 PPT 课件页面，页面中以深绿色为主色调，以古代的人物形象对页面内容进行装饰，与主题内容相呼应。

图11-43

该页面中使用上下分布的方式对页面内容进行排列，整体页面相对稳定，并将文言文的语句放置在图片右侧，与图片内容相呼应，保持整个页面的平衡

11.6 本章小结

　　本章主要对 PPT 课件的制作要求和页面设计进行了详细的介绍，在制作过程中要注意根据自己的选题选择最适合的 PPT 形式进行表现。通过本章的学习，相信读者已经对 PPT 课件的制作有了一定的了解和认识，希望在以后的学习和工作中，能够给读者提供一定的帮助。

第 12 章
设计节日庆典
PPT模板

节日庆典的PPT应用较为广泛，也是日常生活中较为常用的一种类型，本章将对节日庆典PPT进行详细的讲解。

节日庆典PPT展示一般在既定的公共空间中进行，比如商场、酒店和公园等。节日庆典PPT大多以陈列为主，利用节日主题推出节日性陈列，不仅增加节日的热闹气氛，也能顺应和满足人们在节日当中的需求。

> **提示**
>
> 活动庆典是社会组织为了引起公众的关注，扩大自身的知名度，以获得更大的经济效益和社会效益，围绕重要节日或自身重大值得纪念的时间而举行的庆祝活动。

12.1 节日庆典 PPT 的基本分类

节日庆典 PPT 通常情况下是将中国的文化特色、民族风格以及企业文化进行宣传和发扬，从而起到宣扬气氛、庆祝节日、鼓励全体员工和增强文化交流等作用，常见的类型基本包括周年纪念 PPT、节日文化 PPT 和开业庆典 PPT 等。

12.1.1 周年纪念 PPT

周年纪念一般是针对对社会上各个行业、公司或个人具有纪念意义的日期而开展的活动，例如公司周年纪念日、结婚纪念日和历史重要事件纪念日等。在一般情况下，将公司近几年来所发生的重大事件整理且制作成一个 PPT，从而达到宣扬企业文化的作用。

公司周年纪念

公司周年纪念是为了回首公司过去，展望公司未来，对公司的企业文化进行宣传和纪念，从而激发广大员工的自豪感、使命感和责任感。

在设计该类 PPT 时，一般采用较为大气且喜庆的颜色，如红色、橙色和黄色及企业色等，在制作过程中，可在 PPT 中使用与公司人员或相关事件有关的照片对页面内容进行展示，从而起到与观看者互动的作用，页面效果如图 12-1 所示。

图12-1

页面中使用红色为主色调，使用绚丽的图片作为背景，将公司周年的喜庆展现得淋漓尽致

结婚周年纪念

婚礼周年是为了纪念较为个人化的具有特殊意义的日子，在制作该类 PPT 时，应当以随意、简单为主，可根据个人喜好进行设计制作，在配色时可使用红色、粉色等较为明亮的颜色，从而渲染结婚周年的喜庆，在使用图片时可使用卡通或具有纪念意义的图片作为点缀，页面

如图 12-2 所示。

图12-2

该页面通过将两个卡通人物放置在玫瑰上，传达浪漫的婚礼周年气氛，并使用极为俏皮的字体烘托主题，整个页面呈现活泼且浪漫的气氛

机关周年纪念 ··

　　机关周年纪念一般是为了纪念国家具有重大历史事件的日子，如建党周年、建国周年及国庆节等。

　　在制作机关周年庆典 PPT 时，应当以大气磅礴为主题，在选择配色时可使用国色为主色调，如红色和黄色等，在使用图片时，可使用代表中国特色的图片对页面进行点缀，如五星红旗、狮子石像和华表等，从而使得整个页面呈现庄重、严肃且威严的页面效果，如图 12-3 所示。

图12-3

页面中采用红色为主色调，以狮子石像为点缀，将中国风气展现得淋漓尽致，整个页面采用书法字的形式进行展现，呈现大气、严肃的视觉效果

12.1.2 节日文化 PPT

　　节日文化是一种历史文化，是一个国家或一个民族在漫长的历史中形成和发展的民族文化，也是一种民族风俗和民族习惯。节日有深刻的寓意，是为纪念某一重要历史人物，或是纪念某一重要历史事件，或是庆祝某一时节的到来等。以中国的节日为例，有春节、元旦、元宵节、清明节、端阳节、中秋节、国庆节、重阳节、教师节和妇女节等。

提示

每一个节日都承载并延续着厚重的中国传统文化，通过使用 PPT 的形式将节日文化进行展示，在制作过程中，可根据不同节日所表达气氛的不同，选择合适的主色调对页面进行烘托。

春节

春节是中国最为传统的节日之一，随着春节的来临，企业会根据春节的主题开展一系列的活动来渲染节日气氛，如迎新春联欢晚会和迎新春茶话会等。

在设计该类 PPT 时，应当以红色等喜庆的颜色为主色调，文字可使用书法字进行展示，在使用图片时可挑选具有过年气氛的图片作为点缀，如中国结、红灯笼和剪纸等，如图 12-4 所示。

该页面使用红色为主色调，使用带有纹路的图片为背景，从而增强页面的质感，并使用书法字的形式将页面主题内容表达出来，使得整个页面具有中国文化艺术气息

中秋节

中秋节代表着与家人团圆的日子，也是中国的传统节日之一。在制作该类 PPT 时，可使用较为温馨的颜色为主题，如黄色、橙色等，也可使用与图片内容相呼应的颜色，如蓝色和紫色等，还可使用与该节日相关的图片作为点缀，如月亮、月饼和嫦娥等具有代表意义的图片，从而使得节日气氛更加鲜明，如图 12-5 所示。

该页面以蓝色为主色调，并使用些许紫色作为点缀，从而使整个页面具有神秘且浪漫的氛围，使用艺术字将标题文字展现出来，从而使整个页面具有动感、醒目的视觉效果

（封面页）　　　　图12-5

该页面为 PPT 的母版页，与封面页的内容相呼应，使用一个圆角矩形将文本内容呈现出来，从而使文本内容更加清晰明了

（母版页）　　　图12-5（续）

儿童节

当儿童节来临时，幼儿园通常会制作儿童节的 PPT 对节日进行庆祝，从而达到渲染节日气氛的目的。

在制作该类 PPT 时，在配色时应尽量使用较为明亮的色彩，如黄色、粉色和绿色等。在设计版式时，应以符合活泼、鲜明的主题内容为主，可使用较为卡通且有趣的图片作为点缀，从而达到成功吸引儿童注意力的目的，如图 12-6 所示。

该页面以黄色为主色调，并通过使用多种颜色对文字内容进行装饰，加强整体感，整个页面呈现活泼热闹的气氛

（封面页）　　　图12-6

该页为目录页，采用了垂直排列的方式，并使用相同的图示做点缀，使用虚线对页面标题进行分割，使整个页面呈现整齐划一的页面格局

（目录页）　　　图12-6（续）

12.1.3 开业庆典 PPT

开业庆典，又名"开张庆典"，主要为商业性活动，小到店面开张，大到酒店、超市、商场等的商务活动。开业庆典不只是一个简单的程序化庆典活动，而是一个经济实体、形象广告的第一步。

新店开业一般会制作 PPT 宣传，从而打开知名度，吸引潜在消费者。在制作该类 PPT 时，可采用具有企业特色的图片作为背景，一般以红色、洋红色为主色调，来渲染开业典礼的喜庆氛围，页面如图 12-7 所示。

该页面中使用企业的相关图片作为背景，整个页面格局上下分明，标题文字使用等号式的排列方式，并将关键字进行变色处理，从而更加直观地突出重点内容

图12-7

相关链接

对于标题的排列方式，本书已经进行了详细的讲解，读者可根据自己的需要自行参阅 6.1.2 小节的内容。

12.2 节日庆典 PPT 的设计要点

节日文化作为人们日常生活中必不可少的元素之一，促进着人们对于节日的依赖和追求。下面就简单向读者介绍节日庆典 PPT 的设计要点。

12.2.1 反映民俗文化

民俗文化是传统的审美表达与现代审美展示相融合的产物，是弘扬和传承民俗文化的重要途径之一，对于彰显地域特色有着重要意义，如中国绘画、中国戏曲、中国书法和中国古典园林等的艺术表现形式。

在制作 PPT 的过程中，通常以简约的物质形式指代无限丰富的精神内涵，常以情景交融、托物言志的方式抒发个人情感，将情感体验以符号化的形式表现以传达深远意蕴。

在制作节日庆典 PPT 的过程中，可根据不同节日的特点合理地运用各个元素特征，从而更加形象地传达民族节日特征，如图 12-8 所示。

图12-8

页面中使用了书法字的形式对"重阳"两个字进行展示，在对页面节日文化进行宣传的同时，展示中国书法艺术

案例分析

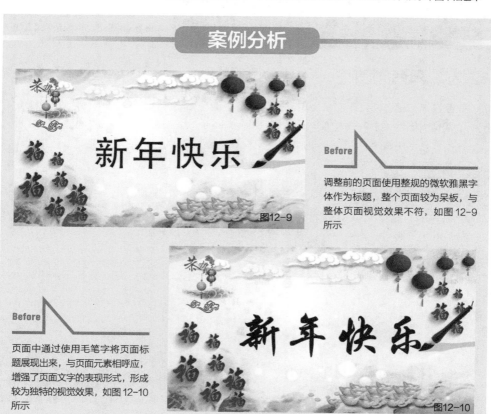

Before

调整前的页面使用整规的微软雅黑字体作为标题，整个页面较为呆板，与整体页面视觉效果不符，如图 12-9 所示

图12-9

Before

页面中通过使用毛笔字将页面标题展现出来，与页面元素相呼应，增强了页面文字的表现形式，形成较为独特的视觉效果，如图 12-10 所示

图12-10

12.2.2 内容形式统一

形式与内容和谐统一，形式服务于内容，内容又为目的服务，形式与内容的统一是设计 PPT 页面的基本原则。

在设计以国家的传统节日为主题的节日庆典类 PPT 时应当注意形式与内容相统一，多用传统设计，如灯笼和中国结等内容，页面效果如图 12-11 所示。

图12-11

页面中使用传统的边框对整个版面进行装饰，使用书法字对页面标题进行展示，使用绸缎和灯笼对页面进行对称装饰，保持整个页面的平衡感

12.2.3 具有创造性

创造性是指个体产生新奇独特的、有社会价值的产品的能力或特性，新奇独特意味着能别出心裁地做出前人未曾做过的事。

在设计节日庆典的 PPT 页面时，可使用与节日有关的图形对主题内容进行设计和装饰，使页面效果更多样，如图 12-12 所示。

图12-12

页面使用火柴对文字内容进行排列，在清楚表达页面文字的同时，增强了页面的表达形式

12.3 节日庆典 PPT 的准备工作

现如今，PPT 的应用领域越来越广泛，企业周年庆典就是其中的一个。企业周年庆典是一种十分重要的企业文化传播载体，其实质上属于企业文化活动范畴。

提示

设计一个成功的企业周年庆典，不仅可以展示企业的整体形象，彰显企业的品牌效应，还能够激发员工的自豪感和荣誉感，加强员工对企业发展的信心，进而转化成巨大的工作激情。

12.3.1 设计思路

在设计公司周年庆典的 PPT 时，首先应当先对公司的企业文化进行了解，并合理将中华民族的特色合理地加入设计元素中，将企业的文化、工作成就以及发展方向有逻辑地展现出来，在制作过程中可通过添加图片对内容进行装饰，从而与观看者形成一定的互动。配色主要以喜庆、大气为主，因此使用较为鲜艳的颜色对页面进行烘托，例如红色和黄色等。

12.3.2 颜色选取

根据上面的设计思路，决定使用红色为主色，使用象牙白为辅色，搭配白色的文字，使得页面内容清晰明了，整个页面呈现大气且和谐的视觉效果，如表 12-1 所示。

表 12-1

颜色	色彩意象
红色	象征着喜庆、繁荣和幸福
象牙白	代表着干净、简约而不简单的工作态度

由于该 PPT 为公司周年庆典 PPT，因此使用红色为主色调，使得整个页面充满喜气的视觉感；使用象牙白作为辅色，与红色内容相呼应，整个页面呈现干净整洁的视觉效果；由于白色是最安全的文本色，因此在这里使用白色能够增强页面的文字辨识度。

相关链接

对于 PPT 的颜色的选择，本书已经进行了详细的讲解，读者可根据自己的需要自行参阅第 2 章内容。

12.3.3 素材选取

由于公司周年是较为喜庆的日子，因此使用剪纸类型的素材可以有效地烘托气氛，并且能够有效地宣传中国文化，还可通过合适的图片对页面内容进行装饰与点缀，从而将公司的成长历程以及公司的企业文化更加直观地展示出来，有效地激励员工的斗志，图 12-13 所示为公司周年庆典 PPT 的素材。

（JPG图片）

（PNG图片）

图12-13

12.3.4 字体选择

公司周年庆典 PPT 以方正粗倩简体作为标题字体，正文使用黑体，整个页面的风格统一，但却不是一模一样，增强了和谐的视觉效果，如图 12-14 所示。

方正粗倩简体 黑体

图12-14

方正粗倩简体笔划较粗，整体看起来更加饱满，文字也更富有变化，而黑体是最早的无衬线中文字体，各个笔画基本等粗，看起来冷静、沉着，字重稍大，比较醒目，两者搭配使得页面整体看起来规整又不失活泼。

相关链接

对于页面中的字体如何搭配使用，本书已经进行了详细的讲解，读者可根据自己的需要自行参阅 6.2.2 小节的内容。

12.4 节日庆典 PPT 的制作过程

本节分别对节日庆典 PPT 封面页、前言页、目录页、过渡页、内容页和结束页的制作进行详细的讲解，虽然各个应用领域的 PPT 表现形式不同，但整体框架是相同的，通过本节的学习，相信读者对节日庆典 PPT 会有所了解。

12.4.1 制作封面页

该封面页的版式采用了标准型的排列方式，将图片、标题和说明文字自上而下地排列，整个页面思路清晰，格局分明，主题明确，最终效果如图 12-15 所示。

上下分明的格局使得整个页面规整且内容清晰，符合人们从上到下的视觉流程

图12-15

提示

关于页面中的版式类型，本书已经进行了详细的讲解，读者可根据自己的需要自行参阅 3.2 节的内容。

根据之前的设计思路，首先使用一张看似较为旧的纸式的图片作为背景，符合剪纸风格的设计理念，使用红色为主色调，将红色的图片放置在页面的下方，整个页面呈现上下分明的格局，如图 12-16 所示。

图12-16

使用上下拼接的方式将整个页面分割开来，统一页面的视觉效果，从而有效地增强页面的层次感和立体感

PPT 的封面只由很少的元素构成，一般只由一个标题构成，合理布局，合理留白十分重要。由于中间部分最为显眼，因此将标题以上长下短式的排列方式放置在页面的正中间，如图 12-17 所示。

将页面标题以居中排列的方式放置在页面的中间位置，页面标题使用 54 号的方正粗倩简体，将下面解释文字以 16 号的黑体放置在下方，使得整个页面搭配合理，内容清晰

由于只有标题的页面略显单调和呆板，为了使得剪纸风格更加突出，可使用剪纸图片对页面进行点缀。当使用剪纸图片对页面进行点缀时，为了使页面上下整体较为平衡，要将标题文字向下移动，从而起到稳定整个页面的作用，页面效果如图 12-18 所示。

页面中使用剪纸图片对页面进行点缀，将中国的民俗文化更加直接地展现出来，在丰富页面内容的同时，渲染喜庆的气势

当使用剪纸图片对页面进行点缀时，由于它在页面的中间，整体给人孤立无援的感觉，这时可使用线条对剪纸图片进行点缀，明确左右上下的边界，将图片固定在中间位置，如图 12-19 所示。

页面中使用线条对图片进行固定，从而使得整个页面呈现更加稳定的视觉效果，使图片更好地融入到页面中

相关链接

对于线条的使用，本书已经进行了详细的讲解，读者可根据自己的需要自行参阅 5.1.1 小节的内容。

12.4.2 制作前言页

前言页是 PPT 的前奏，起着引起共鸣，先声夺人的作用，由于该 PPT 用于公司的周年庆典，因此在正式介绍公司的文化之前，首先会使用前言页进行总结发言，但前言页的页面设计也不容小觑。

由于前言页一般都是以文本内容为主，因此在制作过程中，背景使用红色的纸质图片，与首页内容相呼应，统一了整个 PPT 的视觉效果，页面中采用居中对齐的方式对文本内容进行排列，合理的留白使得页面更加整洁，内容更加清晰可见，页面效果如图 12-20 所示。

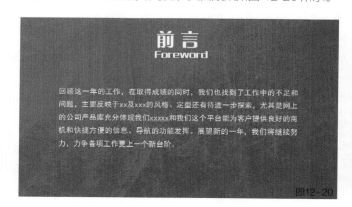

使用 40 号字的方正粗倩简体为标题字体，符合之前的设计思路，使用 16 号的黑体为正文字体，使得整个页面主次分明，文本识别度高

图12-20

将文本内容放置在页面中，由于该页面中的正文内容较多，标题上方显得比较空洞，整体有种向下沉的视觉效果，因此可通过图形和图片对页面标题进行点缀和填充，页面效果如图 12-21 所示。

页面中将两个半边剪纸图片分别放置于左右两侧，使得整个页面较为平衡且稳定，并使用两个三角形的图形对页面标题进行点缀，从而起到了限定页面标题的作用

图12-21

对页面标题进行装饰后,使用图片对正文文本进行装饰,为了使页面元素更加和谐且统一,将正文修改为红色字体,在丰富页面内容的同时,增强文本的可读性,并与整个页面的主色调相呼应,如图 12-22 所示。

页面中使用带有纹理的图片对正文进行装饰,使得正文更加突出,并且对文本起到一定的限定作用,将文本元素固定在中间位置

为了使前言页的内容更加丰富,可使用公司照片对页面进行装饰,从而增强与观看者的互动,使得企业形象更加直观地展现出来,如图 12-23 所示。

该页面通过照片对页面进行点缀,并将图片进行倾斜排列,从而实现页面的层次感,打破规整、严谨的页面布局

相关链接

对于图片的倾斜排列,本书已经进行了详细的讲解,读者可根据自己的需要自行参阅 4.3.3 小节的内容。

12.4.3 制作目录页

目录页的页面版式采用了垂直型的排列方式,使得整个页面规整且具有动感,整个页面整齐划一,并且文本内容清晰明了,页面效果更加饱满。

目录页在整个 PPT 中起着引导作用,为了使整个 PPT 页面统一,目录页的页面效果与前言页基本相同,整个目录页面采用居中垂直分布的方式进行排列,从而使得整个页面内容清晰明了,如图 12-24 所示。

页面中使用象牙白色的图片作为背景,与封面页的背景相呼应

在对页面内容进行简单的排列后，整个页面虽然整洁且规整，但留白较多，为了使页面更加饱满，可改变整个目录页的排版方式。为了使中华文化更加突出，与剪纸主题相呼应，因此页面目录标题使用传统的大写字体，对标题内容进行丰富，页面效果如图 12-25 所示。

页面中将序列标题统一对齐，统一了整个页面的视觉效果，使得页面内容更加饱满

图12-25

由于页面中的序列标题较短，因此可使用大色块对序列标题进行突出显示，从而突出内容重点，页面效果如图 12-26 所示。

页面中使用正方形的色块对页面序列标题进行点缀，从而使得整个标题内容更加突出，页面层级信息更加明显

图12-26

页面中使用正方形的色块对页面序列标题进行显示，但整个页面太过于规整和约束，缺乏活泼的动态效果，这时可通过将正方形改为菱形，从而使得页面整体显得较为活泼，具有动感，如图 12-27 所示。

页面中使用菱形对序列标题进行衬托，通过统一的排列，使得整个页面形成整齐划一的视觉效果

图12-27

相关链接

对于如何在 PPT 中使用色块，本书已经进行了详细的讲解，读者可根据自己的需要自行参阅 5.1.4 小节的内容。

12.4.4 制作过渡页

由于该 PPT 中过渡页的内容较少，为了与目录页上的内容呼应，过渡页的标题也应以相同的方式展示，采用了一字式的排列方式，并将内容以传统的居中方式放置在页面中，如图 12-28 所示。

图12-28

页面中使用象牙白色的图片作为背景，与目录页的背景内容相呼应，而标题内容与目录页上的内容相呼应，体现了整个 PPT 的一致性

由于页面中的元素较少且留白较多，整体页面显得较为单调与呆板，可使用图片对页面四周进行点缀，从而起到填补空间和活跃画面氛围的作用，如图 12-29 所示。

图12-29

页面中通过合理地使用页面的四边，扩大了整个版面的四框，在丰富页面元素的同时扩大了视觉效果，使页面显得更加大气

相关链接

对于如何在 PPT 中扩大版面，本书已经进行了详细的讲解，读者可根据自己的需要自行参阅 3.7.2 小节的内容。

当为 PPT 的四周添加图片进行点缀后，由于标题文字与页面没有连贯性，因此可将标题文字整体向左移动，并通过添加色块和线条对页面标题进行衬托，在丰富页面元素的同时，增强文本内容的可读性，如图 12-30 所示。

图12-30

页面中使用红色的色块和线条对页面标题进行衬托，拉大了标题序列与文本的距离，并使得整个页面更加具有动感和连贯性

12.4.5 制作内容页

　　内容页是在母版的基础上进行排列和制作的，母版的使用能够保证整个 PPT 页面的统一性，并且能够提高 PPT 的制作效率，下面向读者展示如何基于母版页进行设计，如图 12-31 所示。

页面中采用了将剪纸局部展示的方式对页面进行点缀，形成左右对称的局面，并使用三角形将页面标题固定在中间位置，否则会使标题显得很不着边

图12-31

　　由于该页面主要是介绍公司人员，因此会以文本内容为主，根据之前的设计思路，标题文字使用方正粗倩简体，正文字体使用黑体，使得页面文字内容层级分明，表达清晰，页面效果如图 12-32 所示。

页面中采用段落居中对齐的方式对页面内容进行展示，两个段落之间也拉开距离，显得清爽，不紧凑，而且也使得页面很饱满

图12-32

　　在该页面中使用同一种颜色的文字，虽然保证了整个页面的统一性，但整体层级、主次区分不够明显，这时可通过改变整个页面标题的颜色，同时为页面标题添加色块来进行突出显示，如图 12-33 所示。

通过使用红色的色块对页面标题进行衬托，从而使得文本内容显示更加突出，在丰富页面内容的同时，增强整个页面内容的可读性

图12-33

　　在对公司人员进行介绍时，可使用主人公的照片对相关内容进行展示，从而加强观看者对公司人员的印象。将文本内容整体向右移动，将图片放置于页面的左侧，使得整个页面以左置型的排列方式对页面内容进行排列，如图 12-34 所示。将图片放置在页面的左侧，与文字形成有力的对比，符合人们从左到右的视觉流程。

图12-34

对页面内容进行排列，加强了图文联系，整体层次分明，阅读流畅。使用相同的边框对图片进行装饰，整体页面显得简洁而统一

提示

在页面中使用图片时需要注意的是，为了使页面内容形式更加统一，将图片裁剪为相同的尺寸，可通过 PowerPoint 中"格式"选项卡下的"裁剪"选项对页面内容进行裁剪。

12.4.6 制作结束页

最后一页结束页，采用的是与首页相同的表现形式，采用传统的大字"谢谢"排版格式。然后将一些辅助信息以较大的行距排列起来，十分简洁大方，如图 12-35 所示。

图12-35

页面中使用 54 号的方正粗倩简体，对"谢谢观看"以传统的方式进行排列，直截了当地表明主题内容，并将不重要的元素放置在页面的下方，使得整个页面具有层次感

该页面的底部文字分为多行，但其区分并不是特别明显，这时可使用线条对页面内容进行分割，同时也起到点缀文本内容的作用，使得观看者不会忽略掉较小的文本，如图 12-36 所示。

图12-36

该页面中使用线条对文本内容进行分割，与上半页的线条相呼应，整体形成别致的构图方式，使得文字之间的划分更加自然，整个页面给人自然、舒畅的感受

以上主要对该 PPT 中主要的几个页面的制作进行讲解，虽然各个页面的内容以及表现形式不尽相同，但都是以清楚表达页面内容为前提对页面进行编排，下面向读者展示该 PPT 中其他页面的表现形式，如图 12-37 所示。

（内容页）

该页面中对不规则的形状进行拼接，从而形成了流动的线条，使用异形图形对页面元素进行展示，使页面元素更加形象地表现出来，加深观看者对其内容的理解

（内容页）　图12-37

该页面中文本内容较多，使用对称排列的方式进行排列，合理的段距将文字拉开，降低阅读难度，并使用剪纸图片对页面进行点缀，使得页面元素更加丰富，版面更加稳定

12.4.7 添加动画

为 PPT 添加动画是制作整个 PPT 的最后一项工作，在制作过程中需要注意的是，动画不要太过绚丽，不要让动画破坏了整个 PPT 的气氛，过多地吸引观看者的目光，从而忽略内容，图 12-38 所示为该 PPT 封面页的标题文字添加"多个"动画的效果。

为文字添加动画效果后，标题文字以单个飞入的形式出现在页面中，使得标题文字的出现形式更加丰富，增强了整个 PPT 页面的趣味性

图12-38

相关链接

在设置动画的过程中，合理地拼接动画也是非常重要的，本书已经对相关内容进行了详细的讲解，读者可根据自己的需要自行参阅 8.6.1 小节的内容。

12.5 专家支招

节日庆典 PPT 类型较为丰富，也可应用于不同的领域中，通过本章的学习，相信读者已经对节日庆典 PPT 有了一定的了解和认识，下面向读者简单介绍节日庆典的两种主要形式，并对优秀作品进行欣赏。

12.5.1 节日庆典的形式

节日庆典是为喜庆和值得恭贺的事件而举行的仪式，也是纪念典型事件的有效方式，宣泄和表达情感的载体及渠道，同时也是现代企业开展宣传的工具，下面向读者简单介绍节日庆典的两种形式。

社会庆典 ·· ●

社会庆典是指不以营利为目的，为社会公共节日和文化交流而进行的庆典。社会庆典主要由国际交流会、地区的节日、展会和公益服务等组成，一般由政府、企业，以及社会团体或机构举办。

> **提示**
>
> 社会庆典的主要目的是培养大众的公共道德意识，强化民族认同感，保护大众权益，提高大众的文化素养，从而满足文化和心理需求。

在制作该类 PPT 页面时，应当选择与主题相符的颜色为主色调，并通过合理的艺术化的表达方式将页面内容呈现出来，如图 12-39 所示。

图12-39

该页面为清明节的 PPT 封面，对页面标题进行艺术化的处理，使标题更具有立体感和表现力，使用两只鸟对页面进行点缀，增强页面的表现力，使得整个页面呈现活力

商业庆典 ·· ●

商业庆典主要以营利为目的，是企业为销售产品、扩大市场而进行的庆典活动，分为企业庆典和产品庆典。

● 企业庆典。企业庆典是企业生存和发展从而塑造自己形象的庆典，不直接介绍和宣传产品，目的是在观众心目中树立起良好的企业形象。在制作该类 PPT 时，一般采用红色和黄色等颜色为主色调，如图 12-40 所示。

图12-40

该页面以红色为底色，通过使用带有纹理的图片作为背景，增强页面的质感，并通过放大页面标题的方法使得主题重点更加明确，从而使得整个页面主次分明，内容清晰

● 产品庆典。产品庆典是以销售产品取得经济利益为直接目的的庆典，直接传播产品信息，从而引起受众关注、提高销售量。在制作该类 PPT 时，一般使用与产品内容相符合的图片作为背景，页面文字一般采用笔划较细且精致的字体，通过合理的排列，使得产品更加具有魅力，从而成功吸引消费者的目光，如图 12-41 所示。

该页面中主要以产品为主题，使用简单而柔美的字体对页面内容进行解释，整个页面呈现一种别致的构图方式，给人一种时尚、简洁的感觉

12.5.2 作品赏析

通过对优秀作品的赏析能够提高设计者的眼光，同时能够陶冶人的情操，开阔视野，扩大知识领域，对以后的设计 PPT 的工作起到一定的帮助作用。下面向读者展示不同应用中的节日庆典 PPT 页面。

企业文化

通过 PPT 的形式将舞蹈文化呈现出来，以生动的艺术形象来表现组织和企业的特征、服务和观念等，在展现中国优秀文化的同时，将民族企业文化发扬光大，页面效果如图 12-42 所示。

页面中使用黑色为主色调，使用笔画较细的字体对页面内容进行展示，使得整个页面显得时尚且大气，并通过点线对人物进行点缀，使得人物形象更加突出

婚礼庆典

婚礼作为人生中最重要的日子之一，也属于节日庆典的类型之一，可通过制作婚礼 PPT 为婚礼庆典增添光彩，如图 12-43 所示。

页面中以紫色为主色调，符合浪漫神秘的婚礼气氛，搭配蓝色的色块对标题文字进行衬托，在不影响整体页面布局的同时增强了页面的可读性

端午节 ···

　　端午节是中国传统的节日之一，在节日当天，可通过制作端午节的 PPT 对中国文化进行介绍，在达到宣传传统文化的同时，提高大众的文化素养，从而满足文化和心理需求，如图 12-44 所示。

图12-44

页面中将"端午节"以较为立体的形象展现出来，使用粽子对页面进行点缀，同时使用毛笔字对页面进行装饰，从而使得页面内容更加具有民族文化气息

12.6 本章小结

　　本章主要对节日庆典 PPT 进行详细的讲解，节日庆典 PPT 应用领域较为广泛，而且没有将其限定在节日本身中，通过本章的学习相信读者已经对节日庆典 PPT 有了简单的认识和了解，希望在以后的 PPT 设计中能够给读者提供一定的帮助。